# 那些曠世天才的呢喃

## CHEMYSTERY
### 一奈米的宇宙

看偉大科學家們卸下歷史的包裝，展現人性的一面。

# 以為讀的是科學

# 其實是人生

# 推薦序

　　從科學探討人生，由人生體會科學。

　　你是否也曾想過如果以前的科學家們也跟我們一樣有臉書、有 PTT、有 Google，該會是怎樣的情景呢？《那些曠世天才的呢喃》是由「一奈米的宇宙」團隊所發想的創意作品，想像著知名科學家們在臉書同步上線，從他們塗鴉牆上的內容來領略他們的科學成就與人生感想。

　　「一奈米的宇宙」團隊是由很有意思的成員所組成，有部分的成員上過我在交通大學所開的課，我發現他們常有很多天馬行空的想法，也能夠想辦法付諸實現。這個團隊利用科學顯微鏡影像進行二次創作，讓科學研究中得到的顯微鏡影像不單只是影像，也衍生出其他的意義，再加上結合不同議題，讓觀賞的人彷彿能在顯微鏡下感受到生活。2017 年的暑假，他們在交大的浩然圖書館舉辦了「一奈米的宇宙 X 顯像環生展覽」，展出研究實驗室所拍攝到的顯微鏡影像，獲得了很不錯的迴響。

　　接續科學與人生的跨領域概念，他們寫下了這本《那些曠世天才的呢喃》。在書中，我們可以看到愛因斯坦、牛頓、阿基米德等不同時期的科學家同時在臉書上線。在他們的臉書動態中，一則則有趣的日常生活貼文讓人聯想到他們的科學成就：牛頓會因為被蘋果打到頭，在臉書上抱怨「可惡頭好痛」，而且狀態改成「討厭蘋果」。愛因斯坦則用「相對

論」形容學生上課時因熬夜打瞌睡，一眨眼突然就下課了，把上課時間與光速的概念連結起來。我自己最喜歡的則是克勞修斯臉書上寫的：「我的房間符合熱力學第二定律，時間久了就亂七八糟。」──因為這也常常發生在我的辦公室（果然是科學定律無誤）！另外，科學家們也會在彼此的臉書上留言，不可能發生的科學歷史大亂鬥就這麼發生了，《那些曠世天才的呢喃》真是一本很有哏的書。

除了科學家、哲學家、發明家的臉書狂想外，書中也加入了「關於人生」的小單元，表達作者們對該主題的感想。另外還有「一奈米教室」與科學家的生平簡介，讓讀者能了解這些科學家真實所在的時空背景與其理論的科學意義，在樂趣中可以學到許多有用的科學與生活知識，書中很多地方都可以看到作者們的巧思，常讓我會心一笑。

曾聽過一句很有名的廣告詞 ──「世界越快，心則慢。」在現今資訊快速流通的世界，我們更需要把心慢下來體會與思考。從這本《那些曠世天才的呢喃》，相信讀者也都能從中看到了科學、體驗了人生、反饋了生活。

你，按讚了嗎？

交通大學副學務長　**陳俊太**

# 前言

　　我們從小就不喜歡唸教科書，沒想到竟然要出書，而且書的主要內容還是所有教科書都會教的科學定理。

　　還記得高中懵懵懂懂聽老師講述罕德定則 (Hund's rule) 的時候，思緒就常常神遊，覺得這個定理跟搭公車甚至上公共廁所的情況有異曲同工之妙，也開始注意到其他定理跟人生互相結合的情況。（印象最深刻的就是讀完老子《道德經》後，覺得老子提倡的「道」，跟電子機率分布的感覺很像。）

　　但後來還是懵懵懂懂從高中畢業了，那時候的白日夢也沉積到了大腦的深處——直到「一奈米的宇宙」團隊的成立。

　　當初「一奈米的宇宙」主要是分享美麗的電子顯微鏡影像，我們四處拜訪教授、同學，取得了相當大量的顯微鏡圖像[1]，而你絕對想像不到這些影像下的分子們竟然會排列成愛心的形狀、或是煙火甚至是笑臉等等令人驚喜的圖像。

　　這些有趣的影像如果只是沉睡在論文中、甚至被當成垃圾一般丟棄在電腦裡相當可惜，因此我們寫了些詩文，替原本黑白的影像上了些色彩後，放上了粉絲頁，沒想到卻因此吸引了一群喜歡文青理科的粉絲們。但很快地，我們面臨了多數創作者會遇上的瓶頸——沒有靈感。我們不得不尋找

---

1 通常我們不會拿要刊登在論文或期刊的影像來創作。但要特別說明的是，有趣的影像往往來自於實驗中的雜質。

新的發文模式來維持社群動態的固定產出，於是我們又實驗了許多與科學相關，但同時保留能讓文科人也參與其中的貼文，其中之一便是「人生科學」系列。

當初只是隨手寫一寫，就直接放上粉絲頁，沒想到意外獲得好評，更有幸能獲得出版社青睞，但問題隨之而來，到底我們要如何生出這麼多跟人生互相結合的定理呢？

人的記憶就像是池水裡面的沙子，只要投入石子翻攪池水，沙子就會揚起。你一旦學會過，只要經過稍微刺激，就會再度回想起來。

所以我們重讀了從國中乃至大學的物理、化學、生物、地科、數學，頓時有回到高三那種十項全能的感覺。

在出書寫作的那段日子，我們每個人都經歷了一段相當高強度的瘋狂輸出時期，一邊兼顧期中考還要不斷趕稿，修正，作圖想哏，還要看書（看不懂還要去問班上的學霸），然後走路時都要一直想著自己的人生最近發生了什麼事情。與此同時，我們也不願意因為寫書就中斷「一奈米的宇宙」的經營——我們根本就是把大學最後的熱血青春全部賭在這本書上啦！

人每天站在人生的路途中，從沒想過會往哪裡走，或是走到哪裡，「一奈米的宇宙」也沒想過會走到今天，誤打誤撞地出書了。

我們一直秉持著初衷，希望幫每位讀者都能找到一點生活的能量，因為生活總是會差那麼一點，考試總是差那麼一點及格，吐司總是差五塊就能加蛋，公車總是差那麼一點就趕上，或是工作總是差那麼一點就能錄取。獨自拍下臉上碰了一地灰土的時候總希望有人可以懂自己的感受，只要有一個人懂就好了，我們想成為那個了解你的人。我們也會因為創作要發送出去而緊張害怕，也會因為獲得你們的喜愛而欣喜若狂，也會因為大家的不理不睬而厭世頹喪，但這些都是因為我們想要做得更好。我們還是想要保有我們的初衷，希望能夠用有趣的方式來分享往常可能認為無趣的科學。

　　謝謝每個喜歡「一奈米的宇宙」的朋友，謝謝每個願意支持「人生科學」的朋友，你們是我們不斷努力的原動力。

　　謝謝那些在我們低潮失落時、在我們絞盡腦汁還是沒有靈感時陪伴在身旁的朋友，謝謝那些不斷給我們信心、給我們點子的學長姐，更在此特別感謝：

　　　　盧敬和 學長
　　　　陳俊太 教授
　　　　國立交通大學應用化學系
　　　　國立交通大學

沒有這些貴人，就沒有這本書的誕生。

最後，希望你們能享受這本書。

　　　　　　一奈米宇宙 Chemystery 團隊

# Life Menu

# 04 眷世

我不完美，我很平凡，
有時很厭世，但我仍依戀這個世界

# 05 迷眩

在這個真真假假的世界裡，我慢慢迷失了自己

## 1 人生好難，不如發廢文吧

每個單元以科學家發的廢文做開場，而每一則廢文不但隱含著科學定理，更是對人生境遇的抒發。

## 2 酸民無極限

發完廢文後，科學家與酸民們展開一場留言大亂鬥，其精彩程度完全不輸 PTT 八卦版。其中的樂趣就等待各位讀者去發掘吧！

## 3 這就是人生啊！

看完科學家的貼文，相信你一定會大嘆：「啊！這就是人生啊！」因此接續上頁，對人生做更深刻的描繪。

## 4 你媽絕對不會的定理

每一則廢文不只是對人生的詠嘆，背後都有相應的科學定理，而這些定理你一定在考完試之後就還給老師了吧？於是本書貼心提供科學定理介紹，試圖喚起你的記憶。

#034 同素異形體

● ○ ○ ○　PART 1

**⑤ 關於人生**

在妳遇到危險的時候奮不顧身保護妳，在妳傷心難過的時候借妳肩膀，在妳笑的時候我也跟著開心，妳就是一個這樣特別的存在，我想用盡全力讓妳永遠可以自在地大哭大笑，無論我做了些什麼，用相同或不同的方式，所有一切的本質都是愛。

**◎ 一奈米教室**

同素異形體是指由一樣的單一化學元素所構成，但性質卻不相同的兩種（或以上）的化學物質，彼此間的差異主要整體現在物理性質（如：顏色、硬度）上，化學性質上則有活性的差別。

常見的同素異形體有同樣由碳（C）所構成的鑽石、石墨、奈米碳管及碳-60，同樣都是由磷（P）所構成的紅磷、黃磷、黑磷和紫磷，同樣都是由氧（O）所構成的氧氣和臭氧，還有同樣由硫（S）所構成的單斜硫和斜方硫。

○ ● ○ ○　PART 2

哈羅德・沃特・克羅托　　　　(Harold Walter Kroto)

( 1939.10.7 - 2016.4.30 )　( 出生於英國 )

　　克羅托雖是英國化學家，他的父母卻是在德國柏林出生的猶太人。在那個猶太人被納粹德國迫害的年代，克羅托的雙親被迫流亡到英國，生下克羅托。

　　1985 年，已經成為化學博士的克羅托和美國科學家斯莫利 (Richard Errett Smalley)、柯爾 (Robert Floyd Curl) 於萊斯大學實驗在氦氣流中以雷射汽化蒸發石墨，首次製得由六十個碳原子所組成的破原子簇結構分子 $C_{60}$，也就是巴克球與鑽石的同素異形體——富勒烯。之所以取名為富勒烯是因為它與知名建築師巴克明斯特・富勒 (Richard Buckminster Fuller) 的建築作品相似，故而為他致敬。富勒烯同時也被稱之為巴克球。克羅托、柯爾和斯莫利因此獲得了 1996 年諾貝爾化學獎。

　　在富勒烯被發明以前，碳的同素異形體只有石墨、鑽石、無定型碳（如：碳；炭）。富勒烯的出現除了拓展了碳同素異形體的數目，富勒烯獨特的化學與物理性質以及數不完的潛在應用，更強烈引起了科學家的研究興趣。不管是在材料科學、生物醫學、電子學、奈米科學等領域上面，富勒烯都有極高的應用潛力。

## ⑤ 科學動態時報

本書用動態時報呈現出科學家的趣聞、研究專長，和他的生平事蹟，用有趣的形式帶你認識科學家。其中可以分為以下幾個部分：

**ⓘ 簡介**
簡單介紹科學家的生平事蹟

**ⓟ 朋友**
列出同時空下的其他科學家

**ⓔ 動態**
用廢文呈現科學家的有趣故事

**ⓝ 通知**
暗示科學家的生日

## ⑥ 人生精彩回顧

這個部分針對科學家的生平做更詳盡的介紹，讀者可以發現許多科學家有趣的故事、發明和發現。另外，此處也會針對動態時報的內容加以解釋。

Chapter 01

# 癲狂

人不青春枉少年，
回顧喜戀的甘與苦

# #001 催化劑

動態時報　牢騷發文

**永斯·貝吉里斯**
2小時前·🌐

早餐店的奶茶就像催化劑，
大便的產量不變，但會加快腸胃反應速度。

👍 讚　💬 留言　➤ 分享

😡 早安美芝城和其他398人

Trivago 找廁所?
讚·回覆·👍215·2小時

　　Airbnb 樓上智障
　　讚·回覆·👍152·1小時

　　　　回覆......

麥香 麥 My Dear friend 💙
讚·回覆·👍191·32分鐘前

　　永斯·貝吉里斯 紅茶亦可，半杯見效XD
　　讚·回覆·👍97·10分鐘前

　　　　回覆......

## 👤 關於人生

樓下巷口的早餐店吃了十幾年，早餐店阿姨都已經知道我喜歡吃什麼：培根蛋餅跟大杯冰奶茶。這家早餐店的分量就跟阿姨一樣生性豪邁，好喝的大冰奶不只令人魂牽夢縈，還能保證腸胃有效蠕動——早餐店的大冰奶堪稱本世紀最完美的腸胃催化劑。

## 📖 一奈米教室

催化作用是利用催化劑來改變反應速率的方法，因此許多化學工業會在化學反應中加入催化劑來提升反應速度以節省時間成本（例如：著名的哈伯法製氨）。催化劑在反應過程中不會被消耗，只會改變反應速率。

f 搜尋人、地點和事物 🔍　一奈米的宇宙

**永斯‧貝吉里斯**
Jöns Jacob Berzelius

✓朋友 ▾　✓追蹤中 ▾　發訊息

動態時報　關於　朋友　相片　更多

🌐 簡介
🕐 生於 1779年8月20日
📍 在瑞典 擔任 男爵
🚂 在斯德哥爾摩大學 擔任 教授

👥 朋友

卡爾‧林奈　克拉普羅特　約翰‧溫克

🖼 相片

中文(台灣)‧English(US)‧Español
Portugues (Brasil)‧Français français　+

隱私‧政策‧使用條款‧廣告‧Ad Choices‧Cookie
更多‧
Facebook © 2017

**永斯‧貝吉里斯** 🚻 在尋找廁所‧
202年前 🌐

# 又在肚子痛了……

👍 讚　💬 留言　↗ 分享

你、道耳吞和其他916人

道耳吞 美芝城吃不�ิ???
讚‧回‧ 💬 312‧202年前

留言…

**永斯‧貝吉里斯** 😔 覺得人生好難‧
195年前 🌐

實驗室的學生成功合成尿素，
打臉了我信奉一生的活力論…

# 永斯・雅各布・貝吉里斯 (Jöns Jacob Berzelius)

1779.8.20-1848.8.7　出生於瑞典

貝吉里斯是當代非常重要的化學家,除了發現多種元素如鈰、硒、矽和釷等,還成功測定了當時幾乎所有已知化學元素的原子量,同時提出了同分異構物、聚合物、同素異形體、催化等重要化學術語。因此貝吉里斯就被尊稱為「瑞典化學之父」,是現代化學發展的關鍵人物之一。

貝吉里斯在大學時主修醫學,但他某天意外發現學校的化學教授約翰・阿夫塞柳斯 (Johann Afzelius) 不會留在實驗室裡監視學生,於是貝吉里斯便偷偷跑到實驗室裡頭進行各種實驗,包含課本上提到的內容或者是靈光一閃的想法,也因此開始對化學產生濃厚興趣。阿夫塞柳斯知道後,不但沒有責備貝吉里斯,反而鼓勵他以正常的途徑使用實驗室。

到了 1807 年,貝吉里斯已是醫學外科學院的教授,隨著法瑞戰爭的爆發,醫學外科教授的地位被視為與軍官相同,薪水更是直接跳了兩倍。不久,貝吉里斯又成為斯德哥爾摩大學的化學系教授。

在道耳吞(見後文 #009 原子說)提出倍比定律後,貝吉里斯認為現存數據的精準度並不足以使理論應用於現實狀況,因此他花了十多年的時間大量測定各種原子量與分子量,並在 1818 年發表了研究成果,之後又在 1826 年更新更準確的實驗數據,可以說貝吉里斯間接測定了當時所有已知的化學元

素的原子量。

　　貝吉里斯本身是「活力論」的信奉者。活力論指出，一般生命體有著非生命體所缺乏的「生命力」，因此不可能在實驗室中由人工合成有機分子。但這個理論隨著貝吉里斯的學生維勒（見後文 #036 同分異構物）成功合成出尿素後開始瓦解。

　　貝吉里斯也是第一個把催化視為自然界一種廣泛現象的學者。他發現有些物質可以在其他物質上進行與後者化學親和力很不同的反應，從而導致後者分解和重組，自己卻沒有出現變化。他進而提出了「催化力」的概念，並把這樣的反應稱之為「催化」。

# #002 測不準原理

動態時報　牢騷發文

f　搜尋人、地點和事物　🔍　　🔆 一奈米的宇宙　👥 💬12 🌐5

 **海森堡** 🐶 覺得女人心，海底針。
85年前·🌐

所有女人的心就像是電子的位置，
我永遠測不準下一秒女人的心情。

🐶 嗚　💬 留言　➤ 分享

👍🐶 你、波耳、愛因斯坦和其他128人

　　波耳 孩子，你再幫納粹做原子彈，就絕交!
　　讚·回覆·👍415·85年前

　　　　費曼 ++
　　　　讚·回覆·👍91·85年前

　　　　愛因斯坦 ✅ ++
　　　　讚·回覆·👍1284·85年前

　　　　回覆……

　　希特勒 ✅ 樓上都走開!
　　讚·回覆·👍1916·85年前

🔆　留言……

22　那些曠世天才的呢喃／癲狂

## 😊 關於人生

那天不小心跟朋友混太晚，回到家的時候已經快十二點了，我已經抱著必死的決心想著該怎麼安撫女友，沒想到一打開門，女友竟然笑瞇瞇拿著新買的衣服跟我分享，什麼事都沒發生。但另一天，我只是癱坐在沙發上玩電動，女友卻突然大發雷霆開始跟我吵架，可是我沒有做錯什麼事啊，我想我永遠不會懂女生在想什麼……

## 📖 一奈米教室

「海森堡測不準原理」又稱「不確定性原理」，在量子力學系統中，一個運動粒子的位置和它的動量不可被同時確定，位置的不確定性 ($\Delta x$) 和動量的不確定性 ($\Delta p$) 是不可避免的，這兩個值的乘積永遠不會小於 ($h/4\pi$)（$h$ 為普朗克常數），這些誤差對於人類來說雖然很微小，但是在原子研究中卻不能忽略。

由於電子的位置僅能用機率的函數來表示，因此人無法準確預測下一秒電子的位置。

f　搜尋人、地點和事物　🔍　　　一奈米的宇宙

## 維爾納・海森堡
Werner Heisenberg

✓朋友　✓追蹤中　⊕發訊息　⋯

動態時報　關於　朋友　相片　更多

👤 簡介

🏛 在萊比錫大學擔任 教授

📚 著有《量子論的物理學基礎》

👥 朋友

馬克斯・玻恩　　阿諾・索末菲　　威廉・維恩

中文(台灣) English(US) Español
Portugues (Brasil) Français (France)　　+

隱私政策・使用條款・廣告・Ad Choices・Cookie
・更多・
Facebook © 2017

 海森堡 😊 覺得身不由己。
85年前

### 美國那幫人都霸凌我QQ

👍 讚　💬 留言　↗ 分享

⊙ 你、希特勒和其他916人

 希特勒 ✓ 拍拍，我的鈾計畫就靠你了
讚　回覆　36萬 31秒

留言……

 海森堡
85年前

老闆沒人性害我沒朋友QQ

# 維爾納‧海森堡 (Werner Heisenberg)

1901.12.5 - 1976.2.1    出生於德國

　　海森堡是物理學家，也是量子力學重要的奠基者之一，並提出了知名的海森堡測不準原理。

　　海森堡在 1920 年前往慕尼黑大學學習物理，後來轉學到哥廷根大學跟隨馬克斯‧玻恩 (Max Born) 學習（玻恩是 1954 年諾貝爾獎得主）。1924 年獲得了一筆獎學金，讓他得以與哥本哈根大學的物理系主任，也是在當時頗負盛名的尼爾斯‧波耳 (Niels Bohr) 一同展開研究，內容就是後來大部分人可能沒聽過，但卻是量子力學根基的「矩陣力學」。

　　這只是開始，緊接著在 1927 年，海森堡發表了舉世知名的「海森堡測不準原理」，讓過往發展千年的古典物理學搖搖欲墜，開啟了近代物理學的篇章。海森堡測不準原理就是指你永遠無法同時精準地確定粒子的位置與動量。海森堡曾想用比較淺顯的例子說明：想知道粒子越精確的位置就得用波長更短的光來「照射」，然而波長越短能量就越強，也就更會改變粒子的動量，所以永遠都會顧此失彼（當然不盡正確）。

　　波耳也幫忙協助海森堡修正他的論述：「這樣的解釋等於承認粒子有客觀的位置和動量，只是我們無法精確測量出來；如此一來還是未脫古典物理的觀念，事實上，原本就沒有精確的位置與速度，所以粒子才有波粒二象性。」海森堡這才了解不確定性並非測量的誤差，而是萬物的本質。問客

觀事實是什麼毫無意義，只有觀測者所量得的結果才有意義。因此「測不準原理」其實應該稱作「不確定性原理」更為恰當。

1932 年，海森堡因為「創立量子力學以及由此導致的氫的同素異形體的發現」而榮獲諾貝爾物理學獎。他對於物理學的主要貢獻是提出了矩陣力學、不確定性原理、S 矩陣理論。他的著作《量子論的物理學基礎》更是量子力學的經典書籍，對人類現代的發展功不可沒。

二戰期間，海森堡成為納粹德國研發原子彈的領導人，「所幸」研製失敗，而也因為海森堡協助德國研發武器，許多原本與他交好的科學家紛紛與他絕交。但即使如此，仍無損他是一位偉大科學家的事實。

# #003 罕德定律

  搜尋人・地點和事物　Q　一奈米的宇宙　

 **罕德**
107年前 · 🌐

一個人坐公車其實符合罕德定律，
總是沒有雙人空位的時候才會坐在別人旁邊。

😆 哈　💬 留言　➤ 分享

👍😆 你、包立、波耳和其他2366人

　包立 但是公車上男男卻會先坐在一起阿
　讚 · 回覆 · 🕐 423 · 107年前

　　　波耳 公車上的人也不會從最後面坐到最前面阿
　　　讚 · 回覆 · 🕐 916 · 107年前

　　　罕德 爛公車
　　　讚 · 回覆 · 🕐 94 · 107年前

　　　回覆......

　　留言......

## 🧑 關於人生

上公車後發現每排靠窗的位置都已經有人，不死心往最後一排走去，終於看到有一個位置是空的，我鬆了一口氣，滿足地坐下來，心裡覺得真是幸運。說不上來為什麼，搭公車就喜歡一個人靠窗。

## 📖 一奈米教室

物理學家罕德發現，當電子填入數個同副殼層中的同形軌域，會先以相同自旋並以半填滿的方式填入同形軌域，等到所有同形軌域都有一個電子之後，剩下的電子才會以相反的自旋填入剩下的空位。

你可以想像有三種不同路線的公車分別稱作 s、p、d 路線（類似副殼層的概念），每一排座位有兩張相鄰的椅子，並規定 s 路線公車只有一排座位，p 路線只有三排座位，d 路線只有五排座位（類似同形軌域的概念），乘客就像電子，會經常挑選空的那排坐，等到沒得選了，才和其他乘客比鄰而坐。

f　搜尋人、地點和事物　🔍　　　一奈米的宇宙

弗里德里希·罕德
Friedrich Hund

✓朋友 ▾　✓追蹤中 ▾　⊙發訊息　⋯

動態時報　關於　朋友　相片　更多

ⓘ 簡介

🕐 1896年2月4日 出生於德國

✈ 1926年—發現量子穿隧效應

▪ 1946年 在耶拿大學擔任教授

▪ 1943年獲得馬克斯·普朗克獎章

👤 朋友

薛丁格

狄拉克

海森堡

玻恩

中文(台灣)　English(US)　Espanol
Portugues (Brasil)　Francais (France)

隱私設定 · 使用條款 · 廣告 · Ad Choices · Cookie
· 更多 ·
Facebook © 2017

罕德
106年前 🌐

如果我能像電子那樣,
咻的一聲穿隧到隔壁超市該有多好。

👍 讚　💬 留言　➤ 分享

❤ 你、薛丁格、海森堡和其他18人

薛丁格 堅持啊兄弟,撞個 $10^{15}$ 次,總是有機會的。
讚 回覆 👍29 1小時

💬 留言

罕德 覺得神奇。
107年前 🌐

有時候電子行為和我們還是挺像的,
尤其是男士上小便斗的情形。

👍 讚　💬 留言　➤ 分享

❤ 你 和其他10人

💬 回應

# 弗里德里希・罕德 (Friedrich Hund)

1896.2.4 - 1997.3.31　　出生於德國

　　罕德是德國物理學家，以原子、分子物理而聞名。在德國馬爾堡和哥廷根大學修完數學、物理和地理後，罕德在1925年擔任哥廷根大學的理論物理學講師，之後的三十餘年周遊各大學擔任教授，最後還是回歸到了哥廷根大學任教。這期間他曾與波耳在美國哈佛大學教授原子物理，教學生涯相當精彩。

　　罕德的研究成果也不少，除了發表過二百五十餘篇論文和文章外，還在理論量子物理領域貢獻良多，特別是關於原子結構及分子光譜的研究，此外他曾是國際量子分子科學院的成員。1926年，罕德發現量子穿隧效應，並於1943年獲得馬克斯・普朗克獎章 (Max-Planck-Medaille)。

　　罕德提出分子角動量耦合的「罕德情況」，與主導電子分布的「罕德規則」，二者在光譜學和量子化學都是非常重要的原則。在化學中，第一條罕德規則特別重要，通常被稱為「簡單罕德規則」。

# #004 包立不相容

動態時報　牢騷發文

 搜尋人、地點和事物　🔍　一奈米的宇宙　

 **包立**
72年前 · 🌐

坐公車其實也符合包立不相容阿！
如果整輛公車只剩下一堆男的旁邊有座位，我寧可走路。

👿 哈　💬 留言　➤ 分享

👍😆 你、愛因斯坦和其他913人

罕德 你個變態＝＝
讚 · 回覆 · 👍26 · 72年前

愛因斯坦 ✅ 色即是空阿小兄弟
讚 · 回覆 · 👍8964 · 72年前

　包立 ㄜ...但是你...
　讚 · 回覆 · 👍92 · 72年前

　愛因斯坦 ✅ 你B嘴
　讚 · 回覆 · 👍4143 · 72年前

　回覆......

留言......

## 👤 關於人生

　　小學的時候旁邊坐的都是女生，那時候覺得真是討厭，誰要跟她們一起玩，一定得要在桌子正中間畫上一條很直的線，誰都不能超過誰的地盤。等到高中唸了三年男校，大學再唸了一所如同男校的學校，才知道旁邊可以坐一個女生是多麼珍貴的事（此為真人真事）。

## 🌏 一奈米教室

　　包立不相容原理指出：一個原子中的任何電子，彼此在原子軌域的四個量子數不會完全一樣。我們知道一個軌域中最多能填入兩個電子，因此根據包立不相容原理，這兩個電子即使主量子數 $n$、副量子數 $\ell$ 及磁量子數 $m_\ell$ 都一樣，他們的自旋量子數 $m_s$ 必定不同（一個是 +1/2，另一個是 -1/2）。換句話說，「在同一軌域中僅能填入兩個自旋方向相反的電子。」

　　打個比方，在一個原子裡，每一個電子都帶著獨一無二的名牌，上面分別寫著主量子數 $n$、副量子數 $\ell$、磁量子數 $m_\ell$ 及自旋量子數 $m_s$，並表示成 $(n, \ell, m_\ell, m_s)$，若任意取兩個電子，我們不可能在它們身上找到兩組數字一模一樣的名牌。

搜尋人、地點和事物　　　一奈米的宇宙

沃夫岡·包立
Wolfgang Pauli

✓朋友 ▾　✓追蹤中 ▾　◉發訊息　⋯

動態時報　關於　朋友　相片　更多

### ⊙ 簡介

- 🎓 畢業於慕尼黑大學
- 🏛 於蘇黎世聯邦理工學院擔任教授
- 🕐 1945年 獲得諾貝爾物理學獎
- 🕐 1958年獲得馬克斯·普朗克獎章

### 👥 朋友

尼爾斯·波耳　維爾納·海森堡　保羅·埃倫費斯特

包立 😊 覺得此生已無憾。
90年前 🌐

媽我在這!!

👍 讚　💬 留言　↗ 分享

💗 你、愛因斯坦和其他1974人

💬 留言⋯

包立 追蹤了 有村千佳、鳳香奈芽 和 三上悠亞。
92年前 🌐

# 沃夫岡・包立 (Wolfgang Pauli)

1900.4.25 - 1958.12.15　　出生於奧地利

　　包立是來自維也納的物理學家,同時也是量子力學奠基者之一。他在求學期間進入了慕尼黑大學就讀,並遇上人生的貴人兼嚴師——索莫菲 (Arnold Sommerfeld)。索莫菲指導包立研究關於電離化氫分子的量子力學理論,同時要求包立撰寫關於整理歸納「相對論」的文章。包立花了大量心血在這份文章上,一直等到了博士班畢業後兩個多月後才完成,這份 230 頁的報告,獲得愛因斯坦(見後文 #018 相對論)極高的讚賞,後來更直接出版成書,成為理解「相對論」非常值得參考的文本。

　　但包立最為人所知的是他在 1924 年所提出的「包立不相容原理」。該原理主要說明了在同樣一個原子中的任意兩個電子不會有完全一樣的四個量子數。

　　1945 年,包立因為提出了包立不相容原理而被愛因斯坦提名,並成為該年諾貝爾物理學獎得主。1958 年,再獲頒馬克斯・普朗克獎章。然而,獲獎不久後的包立卻在同年因為胰腺癌而逝世。

　　終其一生都致力於研究的包立,在醫院的病房房號是137,據說有一天助手去探望他,包立還詢問助手說:「你看到這間病房的號碼了嗎?」因為包立到死前都還在思考為什麼精細結構的常數會近似於 1/137。

# #005 冷次定律

 **冷次** 🥺 覺得心情低落。
175年前 · 🌐

笨...笨蛋！我叫你不要理我你就真的不理我了嗎...
要是真的討厭你的話我才不會跟你講話呢！

🥺 嗚　💬 留言　➤ 分享

👍🥺 你、法拉第、尼采和其他156人

法拉第　傲嬌人發明傲嬌理論？
讚 · 回覆 · 👍850 · 55分鐘

尼采　人而無傲嬌，猶生活中無太陽。
讚 · 回覆 · 👍190 · 46分鐘

莎士比亞　與傲嬌伴，路遙不覺遠。
讚 · 回覆 · 👍205 · 7分鐘

冷次　煩死了！煩死了！煩死了！
讚 · 回覆 · 👍8 · 剛剛

 留言......

## 🧑 關於人生

為什麼你總是不懂呢？我說不要的時候就是要，我說要的時候就是不要，有時候要就是要，不要就是不要啊！我要你不要理我，你就真的不理我了，可是我只是想要你主動一點，快一點告訴我你喜歡我，因為我已經喜歡上你了。

## 📖 一奈米教室

冷次定律指出，若原有的磁場之磁通量發生變化，就會產生一個抵抗原磁場變化的感應磁場。

想像眼前右邊有一個磁鐵、左邊有一個金屬線圈環，且磁鐵 N 極垂直對著線圈環中心，根據安培右手定則，磁場方向為 S 極指向 N 極，故磁場方向向左。若將磁鐵慢慢地靠近線圈環，對於線圈環來說，磁鐵 N 極的靠近表示通過它自己的磁通量變多了，因此線圈環靠近磁鐵的地方會產生一個 N 極的感應磁極，離磁鐵比較遠的地方則產生 S 極的感應磁極，整個感應磁場方向向右，目的正是為了要抵抗磁通量的增加。

f　搜尋人、地點和事物　🔍　　　一奈米的宇宙

**海因里希·冷次**
Эмилий Христианович Ленц　✓朋友▾　✓追蹤中▾　⊙發訊息　···

動態時報　關於　朋友　相片　更多

🕐 **簡介**

🕐 1804年2月24日出生於愛沙尼亞

▤ 在彼得堡大學擔任校長

🚹 撰寫《物理指南》

👥 **朋友**

安培

法拉第

中文(台灣)　English(US)　Espanol
Portugues (Brasil)　Francais (France)　+

冷次 🌍 覺得煩死了。
175年前 · 🌍

**討厭討厭討厭明明是我先發現的!**

👍讚　💬留言　↗分享

你、安培、法拉第和其他240人

安培 焦耳定律...?
　讚 回覆 ❤408　175年前

冷次 哼我才不在乎呢!
　讚 回覆 ❤1855　175年前

 留言...

# 海因里希・冷次

(Эмилий Христианович Ленц)

1804.2.24 - 1865.2.10　　　出生於蘇聯（今愛沙尼亞）

　　物理學家冷次以「冷次定律」而聞名。冷次在父親過世之後，家道中落，但他仍然以優秀的成績考取了道帕特大學，順利完成了學業，也成功在聖彼得堡大學擔任科學助理，成為院士，後來還成為校長。1851 年到 1859 年間，他成立了中心師範學院物理學教研室，大幅度提高了大學物理教學的水準，同時改組了物理數學系。

　　冷次還就讀大學的時候，就開始研究電磁感應現象，在法拉第 (Michael Faraday) 發現並歸納了電磁感應現象後，加速了冷次對於電磁感應的理解與研究。在當時就有不少「手勢」可以協助人判斷磁場與電流的方向，然而卻一直沒有整理出能夠確定產生感應電流的方向定則。直到 1833 年冷次總結了安培 (André-Marie Ampère) 電動力學與法拉第的電磁感應現象後，提出了感應電動勢。該理論是阻止產生電磁感應的磁鐵或者線圈的移動（也就是維持電磁現象的能量守恆定律，在後來被德國物理學家證明出來），這個發現也讓冷次一砲而紅，其結論也被刊登在《物理學和化學年鑑》上。

　　1831 年，冷次繼續他的電磁感應研究，開始針對電磁感應的現象進行定量研究，並首度確定了線圈當中的感應電動勢會等於每一匝線圈中的電動勢之總和，與所使用的導線粗細以及種類並沒有關係。多年後冷次發表了以冷次定律來解

釋電動機與發電機的轉換原理。

　　1842 年，冷次確定了電流與其所產生的熱量轉換關係，時間上甚至比焦耳 (James Joule) 還早（也就是後世所稱的「焦耳定律」，焦耳定律也被稱為「焦耳—冷次定律」）。冷次在電磁領域的貢獻還包含研究不同金屬的電阻率、溫度與電阻之間的關係等等。

　　1864 年，冷次罹患眼疾而辭去教職，隔年因腦溢血而逝世。

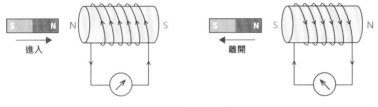

冷次定律示意圖。

# #006 燈泡

動態時報　牢騷發文

 搜尋人、地點和事物　　 一奈米的宇宙

 **愛迪生**
138年前·

你是我的燈泡，
就算失敗九百九十九次，
我也會試到，那成功的一次，點亮你，在我的星空。

❤ 大心　💬 留言　➤ 分享

👍❤ 你、約瑟夫·威爾森·斯旺、亨利·福特和其他109人

 約瑟夫·威爾森·斯旺　漢弗里·戴維　亨利·戈培爾　約斯特　發明燈泡
我們都有功勞，為啥就你一個人紅？
讚·回覆·👍96·138年前

　　　　愛迪生　因為是我開公司賣阿　顆顆
　　　　讚·回覆·👍52·138年前

　　　　亨利·福特　**資本主義讚** 顆顆
　　　　讚·回覆·👍29·138年前

　　　　回覆……

 留言……

## 🧑 關於人生

　　儘管他們都說這只是一段反覆失敗的過程，我卻覺得這是一個浪漫的愛情故事。從第一眼見到你的時候我就喜歡上你了，但你卻好像沒發現我，我總是刻意在你會出現的地方製造巧遇，透過你的朋友知道你喜歡什麼。你知道也好，不知道也罷，我會努力到你看得見我的那天。

## 🖥 一奈米教室

　　一般人都認為最早的電燈泡是由美國人愛迪生所發明，然而事實上早於愛迪生之前就有人發明了在真空下用碳絲通電的燈泡，愛迪生買下此項燈泡專利後，在這個基礎上投入了大量的心血進行改良，並加以推廣，最終才獲得了「電燈泡之父」的美名。

　　現今常見的電燈泡有諸多類型，例如：白熾燈、鹵素燈泡、鈉燈、LED 燈等等，原理都是將電能轉化為光能，最常見的白熾燈則是利用電流把通常以鎢製成的燈絲加熱到白熾狀態後而發出光亮。

f　搜尋人、地點和事物　　🔍　　　一奈米的宇宙　👥　💬²　🌐¹¹

愛迪生
Thomas Alva Edison

✓朋友▾　✓追蹤中▾　💬發訊息　⋯

動態時報　關於　朋友　相片　更多

🕐 簡介

- 🕐 在美國擔任 超級發明家
- ■ 在通用電氣公司 擔任創辦人
- ■ 曾住在 佛羅里達州

👥 朋友

亨利‧福特　　約瑟夫‧斯旺　　貝爾

法蘭克‧
史伯格

 愛迪生 😊 覺得衰。
138年前

在火車上做實驗錯了嗎QQ

👍讚　💬留言　➤分享

🔵 你、南西‧馬修斯‧艾略特、貝爾和其他27人

南西‧馬修斯‧艾略特 兒子但你實驗製作的是火藥==
讚‧回覆 ⭕438 138年前

留言......

 愛迪生 😊 覺得笨。
138年前 🌐

聽說波蘭人換燈泡需要三個人，
一人拿著燈泡插入，
另外兩人就旋轉第一個人所站的梯子。

中文(台灣)　English(US)　Español
Portugues (Brasil)　Francais (France)　＋

隱私政策‧使用條款‧廣告‧Ad Choices‧Cookie
‧更多▾
Facebook © 2017

# 湯瑪斯・阿爾瓦・愛迪生　(Thomas Alva Edison)

( 1847.2.11 - 1931.10.18 )　( 出生於美國 )

　　愛迪生是名聞遐邇的美國大科學家、大發明家，同時也是資本雄厚的企業家。他手上握有高達千餘種專利，其中包含最一開始的燈泡。他是世界上第一個使用大量生產、大量工業研究來進行發明與創造的人。

　　愛迪生出生於俄亥俄州，小時候身體不好，比較晚才開始接受學校教育。愛迪生因為常常提出老師無法回答的問題，也時常質疑老師所教導的當時認為天經地義的知識，成為了老師眼中的問題學生，於是愛迪生的母親毅然決然將他帶回家親自為他上課，也鼓勵他親手做實驗，觀察理論跟實務上的差別。從這一刻開始，愛迪生變成瘋狂的「實驗魔人」，啟發了強烈的好奇心與敏銳的觀察力，母親全心全意的支持，讓愛迪生展開截然不同的人生。

　　有則關於愛迪生的趣聞，說愛迪生曾經在火車上打工當送報童，然而卻在打工期間嘗試製作火藥──從現在的角度來看，他根本就是恐怖分子。當時火車管理員重重打了愛迪生一記耳光，造成他日後的重聽。

　　1869 年，愛迪生取得人生第一個專利──電子投票計數器。1877 年的留聲機專利則讓他聲名大噪，與之而來的機會就是隔年愛迪生與一些紐約投資人與金融家合資成立了愛迪生電燈公司，並在 1879 年首次展示了他的白熾燈泡。不過關

於燈泡的起源與專利卻有許多爭議，也讓愛迪生陷入數場官司之中。

　　愛迪生一生發明無數，舉凡留聲機、電燈、活動電影攝影機、直流電力系統等不勝枚舉，光在美國，愛迪生名下就擁有 1,093 項專利，如果再把在歐洲的專利給算進來的話就超過 1,500 項，他的發明至今仍然深深影響我們的日常生活。

愛迪生的門洛帕克實驗室。／維基百科

# #007 平行線、交集線

 搜尋人、地點和事物 🔍　 一奈米的宇宙

 **歐幾里得**
西元前270年·🌐

你說我跟你就像平行線，
這輩子永遠沒有交集的機會；
但我更害怕的是我跟你是交集線，
在短暫的相遇以後便漸行漸遠。

😢 嗚　💬 留言　➤ 分享

👍😢 你、萊布尼茨、斜率和其他52人

 歐幾里得　但願我和你的斜率相差小一些，這樣就可以分離得
慢一點……
讚·回覆·👍19·西元前270年

 斜率　不會追女生也要怪到我這裡==
讚·回覆·👍105·西元前270年

 萊布尼茨　積分變成曲線不就得了
讚·回覆·👍305·307年前

☀ 留言……

## 關於人生

　　人一輩子會和數不清的人擦肩而過，多數人如同平行線，只是悄悄經過身邊，沒有一句寒暄，這並不讓人覺得可惜，可惜的是那些不只經過身邊，還在人生中陪自己走了一段路，但此刻卻不再熟悉的人。你離開了，他也越走越遠。

## 一奈米教室

　　「平行」是用在幾何上的術語，在二維平面彼此不會相交會的兩條直線，或者在三維空間當中彼此不會相交會的兩個平面，它們之間就是相互平行。

　　而「交集」是指在二維平面彼此相交於一點的兩條線，或在三維空間中彼此相交於一線的兩個平面，它們之間產生了交集。

　　比較少聽到的是「歪斜」。歪斜只存在於三維空間當中，指的是兩條直線既不平行也不相交的現象，且這兩條直線不會存在於同一個平面。

搜尋人、地點和事物　　　　　　　一奈米的宇宙

歐幾里得
Ευκλειδης

✓朋友▾　✓追蹤中▾　◉發訊息　…

動態時報　關於　朋友　相片　更多

◎ 簡介

- 在古希臘擔任 數學家
- 關係 幾何學的爸爸

🔲 朋友

 托勒密一世　 阿波羅尼奧斯

◎ 相片

 歐幾里得 覺得煩惱。
西元前270 ⊕

TMD到底怎麼用尺跟圖規畫出正十七邊形？！

👍讚　💬留言　↗分享

◎ 你、幾何、等腰三角形和其他1422人

高斯 我這不就來了！🙂
讚　回覆 ⊙4125 206年前

留言……

 歐幾里得 😊 覺得父子關係良好。
西元前270 ⊕

幾何是我兒子，沒有我不會的幾何問題！

# 歐幾里得 (Ευκλειδης)

325B.C. - 265B.C.

歐幾里得是古希臘數學家，擁有「幾何學之父」的尊稱。但他的生平紀錄大部分已經佚失，後人僅能透過拼湊與推測。

歐幾里得著有《幾何原本》，全書共十三卷，有部分內容其實是來自於其他數學家，然而歐幾里得最大的貢獻在於他彙整了過去幾百年的數學文獻，並進行嚴謹考證，他一絲不苟的證明精神，也成為後世兩千多年來數學家的典範。

《幾何原本》可說是整個古希臘幾何數學的巔峰之作，奠定了歐洲數學的基礎，讓數學從此成為一門有系統、有架構的學問。雖然《幾何原本》主要是討論幾何學的問題，但歐幾里得同時也提到了數論、無理數等基礎數學概念，不僅日後的幾何學、數學、科學，就連西方世界整個邏輯思維都受其影響。

歐幾里得也研究關於透鏡、圓錐曲線、球面幾何等等領域。除了《幾何原本》之外，歐幾里得至少有另外五本著作流傳至今，分別是：《給定量》、《現象》、《反射光學》、《光學》、《圖形的分割》。

# #008 ATP

 搜尋人、地點和事物　🔍　　　一奈米的宇宙

 **羅曼**
55年前 · 🌐

夢想是我的ATP，
每當我感到絕望，想要放棄的時候，
總是給我再度站起來的能量。

😮 哇　💬 留言　➤ 分享

👍😮 你、羅曼和其他1955人

女高中生 **成績是我的ATP！**
讚 · 回覆 · 👍128 · 1天前

女大學生 **韓劇是我的ATP！**
讚 · 回覆 · 👍778 · 6小時

男大學生 **女高中生是我的ATP** 🖤
讚 · 回覆 · 👍865 · 2小時

 留言......

## 👤 關於人生

　　夢想之所以為夢想，就是讓人連做夢都會強烈渴求著，但在你醒著的時候，現實卻會以各種不同的面貌教會你這個社會有多殘酷。你會不斷在崎嶇不平的路上跌倒，會被這個社會狠狠甩幾巴掌，會有很多不相信你的眼光射向你，你很可能就此喪志。但這些都沒關係，只要是走在夢想的路上，就算只是蹣跚的半步，也就夠了。

## 📖 一奈米教室

　　ATP，即三磷酸腺苷 (adenosine triphosphate)，在生物化學中是一種核苷酸，作為細胞內能量傳遞的「分子貨幣」，儲存和傳遞化學能。在所有生物中，從細菌、黴菌一直到高等動植物，包括人類在內，ATP 都是扮演能量的運儲者。ATP 是藉著生物細胞內養分的燃燒所形成，而後被生物體用於合成細胞物質、肌肉收縮、神經信息傳遞及其他多種生理反應，所以 ATP 才被稱為細胞的能量貨幣——也就是說：凡是需要能量，就必須使用 ATP。

　　ATP 由腺苷和三個磷酸基所組成，化學式為 $C_{10}H_{16}N_5O_{13}P_3$，分子量 507.184。在 1929 年，德國化學家羅曼首先發現 ATP 化學分子。

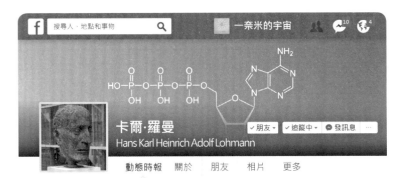

f　搜尋人、地點和事物　🔍　　☀一奈米的宇宙　　👥　💬10　🌐4

卡爾·羅曼
Hans Karl Heinrich Adolf Lohmann

✓朋友 ▾　✓追蹤中 ▾　💬發訊息　...

動態時報　關於　朋友　相片　更多

ℹ️ 簡介

🏢 於 柏林洪堡大學 擔任教授
🏆 榮獲 Adolf Fick獎
🏆 榮獲 Cothenius獎章
🏆 榮獲 Helmholtz獎章

👥 朋友

奧托邁爾

中文(台灣) English(US) Espanol
Portugués (Brasil) Francais (France)　+

隱私政策·使用條款·廣告·Ad Choices·Cookie
·更多·
Facebook © 2017

羅曼 😎 覺得充滿動力。
55年前·

每天早上叫醒你們的也是夢想嗎?

👍 讚　💬 留言　➤ 分享

❤️ 你、拉普拉斯、拉格朗日和其他276人

普朗克 是鬧鐘
讚 回覆 ⏱438 3小時

愛因斯坦 ✓ 是美麗的秘密 ❤️
讚 回覆 ⏱18萬 2小時

倫琴 是輻射
讚 回覆 ⏱915 34分鐘

 留言

# 漢斯・卡爾・海因里希・阿道夫・羅曼
### (Hans Karl Heinrich Adolf Lohmann)

1898.10.4 - 1978.4.22　　出生於德國

羅曼在 1924 年於明斯特大學取得化學學士後，1931 年又到了海德堡大學學習醫學，四年後獲得了醫學博士學位。

隨著第二次世界大戰落幕，羅曼在德國柏林洪堡大學醫學院擔任老師，並在 1946 年協助洪堡大學重新開放入學。隔年，羅曼在柏林與奧托・瓦爾堡 (Otto Warburg) 等其他著名的德國科學家一同成立了德國科學院醫學與生物研究所，隨即擔任了該所的生物化學系系主任長達十年之久，後來更晉升為生物化學研究所所長。

1929 年，羅曼在實驗中發現了三磷酸腺苷 (ATP)，也就是人體產生能量的原料，同時開發了分離 ATP 與測定生物組織 ATP 含量的方法，並提出「羅曼反應」──通過肌酸激酶的催化，使得含有高能量的磷酸鍵 ATP 被轉移到肌酸，形成肌酸磷酸。

除了在生物學界的研究貢獻之外，羅曼也獲得了相當多的殊榮，於 1939 年獲得阿道夫・菲克獎 (Adolf-Fick-Preis)，1967 年獲得科尼努斯勳章 (Cothenius-Medaille)，1978 年獲得亥姆霍茲獎章 (Helmholtz-Medaille)。

# Chapter 02

# 堅毅

人生不如意十之八九，
卻求一個拼命追求的目標

# #009 原子說

  搜尋人、地點和事物   一奈米的宇宙

動態時報　牢騷發文

**道耳吞**
232年前·🌐

## 努力就像原子一樣，
## 是一切成功的組成。

😮 哇　💬 留言　➤ 分享

👍😮　你、拉塞福、查兌克和其他896人

**默里蓋茲曼** 最小組成是夸克吧...
讚 · 回覆 · 👍491 · 3小時

　　**道耳吞** 你才夸克 你全家都夸克
　　讚 · 回覆 · 👍263 · 3小時

　　**一奈米的宇宙** 卡，雞排要切不要辣
　　讚 · 回覆 · 👍83 · 1小時

　回覆......

　留言......

## 關於人生

　　大多數成功的作家都有一個共通的特點，就是他們會堅持每天寫作，不論當天有沒有靈感，或是寫得好不好。要做好一件事最重要的就是持續不斷地努力，要獲得成功也是一樣，必須付出扎實而且長時間的努力，才有機會成功。

## 一奈米教室

　　道耳吞於十九世紀初率先提出了「原子是所有物質組成的最小單位」來解釋化學中各種現象。十九世紀末到二十世紀初，湯姆森 (J. J. Thomson)、查兌克 (James Chadwick)、拉塞福（見後文 #028 原子模型）等科學家則從一系列實驗結果發現：原子實際上是由電子、質子和中子所組成，且這些粒子可各自獨立存在，進而推翻道耳吞的原子說。

　　發現原子可再被分割成不同粒子時，科學家隨即利用新術語「基本粒子」來描述組成原子的成分。二十世紀上半葉，伴隨著對於原子結構更深入的認識，以及物理學界的量子革命，現代原子理論模型便逐步建立起來。

f　搜尋人、地點和事物　Q　　　☀ 一奈米的宇宙

努力就像原子一樣，是一切成功的組成
Persistence makes Perfection

- 道耳吞

### 約翰·道耳吞
John Dalton

✓朋友 ▾　✓追蹤中 ▾　◉ 發訊息　…

**動態時報**　關於　朋友　相片　更多

---

**ⓘ 簡介**

🕐 1766年9月6日出生於英國

🏛 在英國擔任化學家、物理學家

🏛 在雲微斯特新學院
擔任 數學和自然哲學教師

**👥 朋友**

詹姆斯·焦耳　　威廉·亨利

**◉ 相片**

中文(台灣) · English(US) · Espanol ·
Portugues (Brasil) · Francais (France)　＋

隱私政策 · 使用條款 · 廣告 · Ad Choices · Cookie
· 更多 ▾

---

**道耳吞** 在 發現倍比定律。
223年前 · ⊕

## 倍比 倍比 倍比哦～～～

👍 讚　💬 留言　➤ 分享

🔵 你、詹姆斯、焦耳和其他233人

 Justin Bieber ？？？
讚 · 回覆 · 🔴 4 3萬 · 3 小時

留言……

---

**道耳吞** 覺得大家聯合騙我。
224年前 · ⊕

## 奇怪史瑞克明明是灰色的啊啊啊!!!

👍 讚　💬 留言　➤ 分享

🔵 你、詹姆斯、焦耳和其他154人

 威廉·亨利 兄弟那是綠色...
讚 · 回覆 · 🔴 438 · 288年前

回覆

---

# 約翰‧道耳吞

(John Dalton)

1766.9.6 - 1844.7.27　　出生於英國

　　道耳吞是世界級的知名科學家，同時也是近代原子理論的提出者。近代原子理論就是大家耳熟能詳的原子說，主要可以分成三個部分：

　　一、所有的物質均由不可再切割的微粒組成，而這種微粒稱之為原子，所有的原子在一切化學的反應當中保持著不可再分的特性。（日後科學家陸續發現電子、質子、中子等組成原子的更小微粒。）

　　二、同樣一種元素的所有原子，在質量與性質上都相同；而不同元素的原子在質量上與性質上都不相同。（日後科學家陸續發現同位素等即使是相同元素，質量與性質還是可能不同。）

　　三、不同元素化合時，這些元素的原子按照簡單整數比結合成化合物。

　　儘管從現今的科學認知來看，道耳吞提出的原子說有著不少錯誤，但正由於道耳吞提供了良好的起點，並在後來的科學家如湯姆森、拉塞福等人的努力之下，現在的原子模型才能有更完整的描述。

　　除此之外，道耳吞還是歷史上第一個被文獻記載的色盲。他在 1794 年 10 月 31 日提出了對於「色盲」這一種視覺缺陷的描述，總結他從自己身上還有觀察其他人所綜合出來

的色盲症特徵，也因此色盲又被稱之為「道耳吞症」。

　　道耳吞在 1837 年後兩年內兩度中風而失語，但仍然堅持科學研究。

　　可惜 1844 年他再度中風。同年 7 月 26 日，他用顫抖的手寫下了最後一天關於氣象的觀測紀錄後與世長辭。

# 道爾吞原子說修正

| 學說內容 | 修正 |
|---|---|
| • 所有的物質都是由微小的粒子所組成，此微粒稱為原子，原子不可再分割。 | • 原子並非不可分割，而是由電子、質子、中子組成。 |
| • 同一種元素的原子，其大小、性質與質量均相同；不同元素的質量則不同。 | • 由於同位素的發現，可知相同的元素不一定有相同的質量。<br>• 由於同量素的發現，不同的元素可能有相同的質量。 |
| • 不同元素原子間一定是以整數的比例方式來結合成化合物。 | |
| • 化學反應時只有原子間會重新排列組合，而原子本身的種類、質量、數目並沒有任何變化。 | • 在核反應中，原子會發生變化，舊原子消失，產生另一個完全不同的原子。 |

# #010 薛丁格的貓

動態時報　　牢騷發文

 搜尋人・地點和事物　🔍　　 一奈米的宇宙　

 **薛丁格**
82年前 · 🌐

## 每張彩券其實都有量子疊加狀態，開獎之前同時中獎且槓龜。

😆 哈　💬 留言　➤ 分享

👍😆 你、保羅·狄拉克和其他157人

愛因斯坦 ✅ 上帝竟然連這事都要擲骰子
讚 · 回覆 · 👍4151 · 82年前

保羅·狄拉克 幸好我昨天那張在觀測後塌縮成中獎XD
讚 · 回覆 · 👍15 · 82年前

安娜瑪麗 老公你再買彩券試試看^^
讚 · 回覆 · 👍68 · 82年前

 留言......

## ⑧ 關於人生

　　他愛上了離兩個街區距離的女孩，他們總是搭同一班公車，他醞釀了好久才終於鼓起勇氣跟她說話，他們互動越來越頻繁，他對女孩的依賴也越來越深，於是他決定跟女孩告白。告白以前，他緊張得不得了，他不知道女孩是不是喜歡他，或者女孩又會用什麼理由拒絕他。當某件事還沒有確定以前，我們總是會有一百種可能的假設，在真正揭曉的那一刻前，我們永遠不會知道結果。

## ⑩ 一奈米教室

　　「薛丁格的貓」是奧地利物理學家薛丁格於 1935 年提出的思想實驗。薛丁格指出了應用量子力學的「哥本哈根詮釋」於宏觀物體會產生的問題，以及該問題與物理常識之間的矛盾。

　　這個思想實驗是假設把一隻貓、一只裝有氰化氫氣體的玻璃燒瓶和放射性物質放進封閉的盒子裡。當盒子內的監控器偵測到衰變粒子時，就會打破燒瓶，殺死這隻貓。根據量子力學的哥本哈根詮釋，在實驗進行一段時間後，貓會處於又活又死的疊加態。

**埃爾溫·薛丁格**
Erwin Rudolf Josef Alexander Schrödinger

[ ✓朋友 ▾ ] [ ✓追蹤中 ▾ ] [ ◎發訊息 ] [ ⋯ ]

動態時報　關於　朋友　相片　更多

### ☺ 簡介
- ⊙ 生日 8月12日
- ⚲ 出生於 奧地利 維也納

### ☺ 朋友

保羅·狄拉克　　弗里茨·弗利曼耳　　弗雷茨·柯勞什
弗雷德里希·哈瑟諾爾　　安娜瑪麗·貝特爾　　馬克思·維茵

中文(台灣)　English(US)　Español
Portugues (Brasil)　Français (France)

隱私設權 · 使用條款 · 廣告 · Ad Choices · Cookie
· 更多 ▾
Facebook © 2017

---

 **薛丁格** ☺ 覺得煩。
82年前

老婆的心情在我回家看到她前也是量子疊加態……

👍 讚　💬 留言　➤ 分享
◐ 你、弗利曼耳和其他155人

　弗利曼耳 兄弟你實彩卷又被抓?
　讚 回覆 ◔41·82年前
　留言……

---

 **薛丁格** ☺ 覺得可憐。
82年前

箱子裡的貓在我腦中死了好多次

👍 讚　💬 留言　➤ 分享
◐ 你、安娜瑪麗和其他158人

　安娜瑪麗 老公你又做了什麼糟糕的實驗 ☺
　讚 回覆 ◔161·82年前
　　留言……

# 埃爾溫・魯道夫・尤則夫・亞歷山大・薛丁格

## (Erwin Rudolf Josef Alexander Schrödinger)

1887.8.12 - 1961.1.4    出生於奧地利（奧匈帝國）

薛丁格是理論物理科學家，也是量子力學的奠基人之一。

從小薛丁格就對哲學家叔本華 (Arthur Schopenhauer) 的作品非常著迷，啟蒙了他對色彩、哲學以及東方宗教的理解。1906 年，薛丁格進入維也納大學學習物理與數學，在四年之後就取得了博士學位，展開在維也納研究所的工作。薛丁格甚至參加過第一次世界大戰，並幸運從那場大戰中生還下來。

1926 年，薛丁格在蘇黎世大學任教時，提出了相當有名的方程式：薛丁格方程式。他首度利用了波動力學來描述量子力學，這條方程式替量子力學的發展打下扎實的基礎。而他著名的思想實驗「薛丁格的貓」，則是試圖證明量子力學在巨觀條件下的不完備性。

納粹在 1933 年建立納粹德國後，薛丁格決定移居到英國牛津，並於牛津大學莫德林學院擔任訪問學者。同年，薛丁格與英國理論物理學家狄拉克 (Paul Dirac) 共同獲得該年的諾貝爾物理學獎，獲獎原因是他們發現了薛丁格方程式和狄拉克方程式。

在二戰結束十多年後，晚年的薛丁格返回維也納，並持續授課生涯，直到 1961 年因肺結核而去世。他如願被埋在阿爾卑巴赫 (Alpbach)，墓碑上刻著以他命名的薛丁格方程式。

# #011 氧化還原

f 搜尋人、地點和事物　Q　☀ 一奈米的宇宙　👥 💬 🌐

 **氧化還原**
3小時前·🌐

人生就像氧化還原反應，
在得到什麼的同時，也必然會失去些什麼。

👍 讚　💬 留言　➤ 分享

🔵 你、正極、負極、陰極、陽極和其他332人

🍎 **蘋果** 不要再把我變黃了QQ
讚 · 回覆 · 🔵48 · 2小時

　　🌆 **衣服** 但它都是把我變白耶
　　讚 · 回覆 · 🔵111 · 1小時

　　　☀ 回覆......

e⁻ **電子** 把我丟來丟去很好玩嗎？？？
讚 · 回覆 · 🔵115 · 32分鐘前

　☀ 留言......

## 😊 關於人生

多數非常成功的偉人當他們在回顧一生的時候，總是會感慨當年沒多花點時間孝順父母，陪伴家人，有些人甚至抱著這個遺憾度過餘生。其實這都是我們為自己的人生所做出的選擇，在獲取什麼東西的同時，也必然會失去其他東西。

## 📖 一奈米教室

氧化還原反應，是由氧化半反應及還原半反應兩個半反應所組成。狹義的氧化還原反應中，氧化半反應係指元素與氧結合生成氧化物的現象，還原半反應則指某氧化物脫去氧形成元素的現象；且氧化還原反應必會同時發生，同時結束。

氧是一種極容易搶電子的元素，故當某元素（或化合物）與氧結合時（如：鎂的燃燒反應），該元素（或化合物）會失去電子。故廣義來說，氧化半反應又被定義為失去電子的反應，還原半反應則被定義為得到電子的反應。

f　搜尋人、地點和事物　🔍　　　　一奈米的宇宙

氧化還原
Redox
✓朋友▾　✓追蹤中▾　💬發訊息

動態時報　關於　朋友　相片　更多

🕐 簡介

■ 現居 電池 中
■ 擔任 電子守門員

👥 朋友

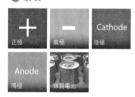

正極　負極　Cathode 陰極
Anode 陽極　鋅銅電池

中文(台灣) English(US) Español
Portugues (Brasil) Français (France)　+

隱私政策・使用條款・廣告・Ad Choices・Cookie
・更多▾
Facebook © 2017

氧化還原
8個月前・🌐

一下要陽極是正極，
一下又要陽極當負極，
搞得我好亂阿！

👍 讚　💬 留言　↗ 分享

👍😊 你、陰極、正極和其他1622人

留言……

氧化還原  覺得生氣。
1年前・🌐

蘋果黃了也怪我，鐵器鏽了也怪我，
阿你們有種不要呼吸阿！

# 氧化還原

　　氧化還原反應必定同時發生、同時結束。氧化半反應，狹義來說就是與氧結合的反應，同時也可以說是失去電子的反應，故反應後氧化數增加。還原半反應，其本身會得到電子，故反應後氧化數減少。若反應式中沒有出現與氧的結合，就廣義上可透過氧化數的增減來判斷何為氧化反應，何為還原反應。

　　另外，在氧化還原反應中還會提到「氧化劑」及「還原劑」：氧化劑具有氧化它人，同時使自己被還原的能力；還原劑則有還原它人，同時使自己被氧化的能力。舉例來說，久置於桌上的蘋果會漸漸變成黃褐色，就是產生了氧化還原反應，蘋果被空氣中的氧給氧化了，行氧化半反應，氧在其中扮演氧化劑的角色，因其氧化了蘋果；相對地，蘋果中的化學分子則作為還原劑，行還原半反應將氧還原。

　　氧化還原反應也常應用於電池中，行氧化半反應的被定義為陽極，行還原半反應的被定義為陰極。以鋅銅電池為例：鋅比銅容易放出電子，故鋅為陽極，行氧化半反應；銅則成為陰極，行還原半反應。要補充說明的是，陰極、陽極與正極、負極沒有絕對的關係。

# #012 專一性

 搜尋人、地點和事物 🔍　 ☀ 一奈米的宇宙　

 **威廉·屈內**
141年前·🌏

人的天賦就像酶的專一性，
找到你的天職，
就像酶找到那個它唯一可催化的反應。

❤ 大心　💬 留言　➤ 分享

👍❤ 你、愛因斯坦和其他1276人

 **薛丁格** 真希望選女友不用符合酶的專一性
讚·回覆·👍438·3小時

　 **愛因斯坦** ✓ 同意
　讚·回覆·👍3.2萬·2小時

　 回覆......

 **怪獸家長** 給我填醫科就對了
讚·回覆·👍35·44分鐘

 留言......

## 😀 關於人生

終於等到這一天，我依序扣上廚師服的鈕扣，小心翼翼地戴上廚師帽，踏進夢寐以求的廚房。我知道總有一天我會成為主廚，我會把一生中最難忘的味道帶給全世界，所以從過去到現在的每一天、每一步，我都走在成為特級廚師的路途上，那是我的天職，也是這輩子我唯一想做的事。

## 🔬 一奈米教室

生物體內大分子催化劑稱為「酶」，絕大多數都是由蛋白質組成，主要負責細胞內的代謝（如：澱粉酶）。也有酶負責 DNA 的轉錄、轉譯（如：解旋酶、DNA 聚合酶）。酶和大多數催化劑一樣，能加快體內化學反應的速率，甚至可快到數百萬倍，酶本身反應前後不被消耗，也不會使總質量增加或減少。和大多數催化劑最大的不同在於，酶具有強烈的專一性。

專一性，是指特定的酶只能催化一種或幾種反應。原因是與酶接合的受質上具有特殊形狀，唯有接合位與其形狀互補的酶，才能與該受質順利接上並進行催化反應。

f　搜尋人、地點和事物　🔍　　🌸 一奈米的宇宙　👥 🔔³ 🌐²⁸

### 威廉·屈內
### Wilhelm Friedrich Kühne

✓ 朋友 ▾　✓ 追蹤中 ▾　✉ 發訊息　⋯

動態時報　關於　朋友　相片　更多

🕐 **簡介**

🕐 **畢業於** 哥廷根大學

🚌 於 海德堡大學 擔任教授

🏛 瑞典皇家科學院 一員

👥 **朋友**

伯頓夫·瓦格納　羅伯·舒曼 沃勒　羅素·奇堅登

中文(台灣) · English(US) · Espanol
Portugues (Brasil) · Francais (France)　＋

隱私政策 · 使用條款 · 廣告 · Ad Choices · Cookie
· 更多 ▾
Facebook © 2017

 **威廉·屈內** 😎 覺得驕傲
141年前 · 🌐

人的一生可以因為發明一件事而偉大，
我發明了「酶」，你呢？

👍 讚　💬 留言　➤ 分享

🔵 你、愛迪生、愛因斯坦和其他3112人

🔲 愛迪生 ✓ 留聲機 電影攝影機 直流電力系統
讚 · 回覆 · 🕐16篇 · 3小時

🔲 愛因斯坦 ✓ 廣義相對論 狹義相對論 布朗運動 光電效應 智能等價
讚 · 回覆 · 🕐34篇 · 1小時

 留言......

 **威廉·屈內**
141年前 · 🌐

或許我們也不該把天職想得太過浪漫，

為什麼你不能又是研究科學、又是小提琴家呢？

# 威廉・弗里德里希・屈內 (Wilhelm Friedrich Kühne)

1837.3.28 - 1900.6.10　　出生於德國

　　屈內因提出「酶」的概念而聞名於世，是極具代表性的生物化學家。

　　屈內就讀的大學是哥廷根大學，他的老師就是鼎鼎大名的維勒（見後文 #036 同分異構物）。屈內一邊跟隨維勒學習化學，一邊學習生理學。畢業後屈內仍不斷進修，到了 1863 年，屈內為當時德國有名的病理學家菲爾紹 (Rudolf Virchow) 管理柏林的一家實驗室生理部門。五年後屈內便被阿姆斯特丹大學雇用為教授，1871 年被挖角到海德堡大學授業。

　　屈內在光與視網膜的關係領域研究頗深，還有關於肌肉與神經的生理生物學以及消化相關的科學也都有所涉獵。1876 年，他發現可以消化蛋白質的催化劑——胰蛋白酶。1898 年，屈內被任命為瑞典皇家科學院的成員。

　　1900 年，屈內在海德堡過世，他的一生替人類生物生理化學做出了不可抹滅的貢獻，替後世的研究者開出了生理研究的先河。

# #013 傅立葉轉換

動態時報　牢騷發文

f 搜尋人·地點和事物　Q　　☀ 一奈米的宇宙

 **傅立葉**
195年前·🌐

當人生遇上難題，套個傅立葉轉換吧！
換個頻域思考，也許就會有新的方向。

😮 哇　💬 留言　➤ 分享

👍😮 你、牛頓、e^x和其他96人

　　牛頓 ✔ 套個d/dx，讓一切變得簡單！
　　讚·回覆·👍4.8萬·3小時

　　　│ e^x 摁?

$$\frac{d}{dx}e^x = e^x$$

　　　　讚·回覆·👍397·57分鐘

　　 牛頓 ✔ 這個圈子充滿了霸凌……
　　讚·回覆·👍1.7萬·24分鐘

　　　回覆……

## 🧑 關於人生

　　我已經花了三天三夜困在選填大學志願的人生難題裡了，無論我怎麼想，總是排不出最好的順序，我喜歡那個學校，但是我比較想要唸這個系，爸媽希望我選這個學校，別人告訴我那個系比較好找工作……最後我決定換個方式，把自己當成局外人，理性地列出所有學校的優缺點，依據結果來排序，換個思考方式，換得好的結果。

## 📖 一奈米教室

　　傅立葉轉換，是一種線性的積分變換，常用於信號在時域和頻域之間的變換，在物理學和工程學中有許多應用。它的基本思想首先由法國學者傅立葉所提出，所以就用他的名字來命名。

　　舉例來說，我們一般對音樂的理解有兩種：第一種是隨著時間變化的震動，第二種則對玩樂器的人更為直觀，也就是樂譜。聲音隨時間的震動就是音樂在時域的樣子，樂譜就是音樂在頻域的樣子。而傅立葉轉換便是將信號在時域和頻域之間變換時使用的數學工具。

約瑟夫·傅立葉
Joseph Fourier

✓朋友 ▾　✓追蹤中 ▾　💬發訊息　⋯

動態時報　　關於　　朋友　　相片　　更多

ⓘ 簡介

■ 在法國擔任 男爵
■ 在巴黎綜合理工學院擔任 教授

👥 朋友

中文(台灣) · English(US) · Español
Portugues (Brasil) · Francais (France)　　+

隱私政策 · 使用條款 · 廣告 · Ad Choices · Cookie
· 更多 ·
Facebook © 2017

 傅立葉
195年前

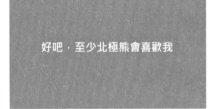

好吧，至少北極熊會喜歡我

👍 讚　💬 留言　➤ 分享

❤ 你、拿破崙、約瑟夫·拉格朗日和其他156人

留言

 傅立葉 ✓ 覺得傅立葉轉換好難。
195年前

希望未來的學生們不要太討厭我……

👍 讚　💬 留言　➤ 分享

# 約瑟夫・傅立葉 (Joseph Fourier)

1768.3.21 - 1830.5.16　出生於法國

　　傅立葉是數學家，所提出的傅立葉級數與傅立葉轉換至今仍然被廣泛使用在熱傳導理論、振動理論、紅外線光譜等方面。

　　傅立葉從小便失去雙親，年幼的他被送往天主教教會接受照顧與教育。傅立葉非常用功，成年後進入了巴黎高等師範學校學習；畢業之後，在軍中擔任數學講師，其後隨著拿破崙東征，還擔任過下埃及的總督。

　　41 歲時，傅立葉被封為男爵，並於 1816 年返回巴黎。傅立葉 47 歲時，成為了科學院的祕書，並發表了「熱的分析理論」。該分析理論最主要的物理貢獻是提到了：方程式兩邊必須具有相同量綱，意即當方程式兩邊的量綱匹配時，方程式才會正確，可說是量綱分析的基石之一。他也發明了熱能傳導擴散的偏微方程式，同樣是至今工科學生們必修習的方程式之一。

　　除此之外，傅立葉還被視為溫室效應的發現者。1820 年，傅立葉指出，如果有一個物體到太陽的距離跟地球到太陽的距離一樣遠，大小跟地球一樣大，該物體的溫度應該會低於地球的氣溫，他推測這是由於地球的大氣具有保溫效果，此看法被公認為溫室效應的首度提出。

　　傅立葉逝世後，隔年遺稿才被整理出版成書。

# #014 石油

 搜尋人、地點和事物　🔍　　 一奈米的宇宙　

 **沈括**
元祐元年 · 🌏

有些人就像石油，看起來非常不起眼，
但能力卻能讓人眼睛為之一亮。

♥ 大心　💬 留言　➤ 分享

👍 你、王安石和其他1164人

**王安石** 他一定長得很醜......
讚 · 回覆 · 👍 238 · 元祐元年

**石油** 整天都在把我分餾、燒掉，沒人在乎我的感受......
讚 · 回覆 · 👍 118 · 32分鐘

　　⚠ **鈾235** 別抱怨了，你試過核分裂嗎？ QQ
　　讚 · 回覆 · 👍 57 · 剛剛

　　 回覆......

✳ 留言......

## 關於人生

平常的他不太說話，經常是安安靜靜地微笑，長相一般，在團體裡不是會受到特別關注的人。那天大家忽然聊起比較學術性的話題，他開始侃侃而談，他的發言不只深度夠，廣度也足，簡直是上知天文、下知地理，後來才知道，他從小就涉獵各式各樣的書，很年輕的時候就擁有了不起的事業，現在已經是好幾家公司的老闆了，果然是人不可貌相啊！

## 一奈米教室

石油是一種黏稠的深褐色液體，主要儲存於地殼上層部分地區。它由不同的碳氫化合物混合組成，主要的成分是烷烴，此外還含有硫、氧、氮、磷、釩等元素。不過不同油田的石油成分和外觀可能有很大的差別。

石油主要被用來作為燃油和汽油，燃料油和汽油組成是目前世界上最重要的能源。石油也是許多化學工業產品（如：溶液、化肥、殺蟲劑和塑料等）的原料。現今開採的石油 88% 被用作燃料，其它 12% 則作為化工業的原料。

古代中國北宋的學者沈括於其著作《夢溪筆談》中命名了「石油」，是世界上對石油的首次記載，現今石油的中文名稱就是沿用了沈括所冠之名。

**沈括**
夢溪丈人

✓朋友 ▾　　✓追蹤中 ▾　　⊕發訊息

動態時報　關於　朋友　相片　更多

🕐 **簡介**

🖿 在 北宋 擔任 大官

🏛 在 中國 擔任 博學家

🏛 關係 一言難盡

🏛 著 《夢溪筆談》

🏛 著 《天下都縣圖》

👥 **朋友**

宋神宗

王安石

中文(台灣)　English(US)　Español
Português (Brasil)　Français (France)　＋

隱私政策　使用條款　廣告　· Ad Choices · Cookie
· 要條 ·
Facebook © 2017

**沈括** 與 宋神宗、王安石，與其他99人。
熙寧二年 ·

**變 法。**

👍 讚　💬 留言　➤ 分享
⊙ 你、王安石和其他4112人

宋神宗 ✓ 朕知道了。
讚 回覆 ○ 14其 · 熙寧二年 ·

留言⋯⋯

**沈括** 🆔 覺得河東瀕吼。
元祐八年 ·

**妻管嚴QQ**

💢 嗚　💬 留言　➤ 分享
⊙💢 你、宋神宗和其他541人

留言⋯⋯

# 沈括

1031 - 1095　出生於中國（北宋）

　　沈括是中國北宋時期著名的科學家，出生於官宦之家，祖父與父親皆曾在掌管刑獄的機關工作。沈括自幼勤奮向學，十分聰慧，14 歲時便讀完家中所有藏書，並曾跟隨父親走遍大江南北，見多識廣。18 歲時，沈括行至南京，對醫學產生了興趣，開始著手鑽研。後來在擔任安徽寧國縣令時，發起了修築蕪湖地區萬春圩的工程，頗有政績。

　　隨著王安石變法，宋神宗大力推動改革，沈括也積極參與其中，先後就任史館檢討、集賢院校理、提舉司天監、軍器監、三司使等職。

　　沈括對中國的物理、數學、天文、地理、生物、醫學均有許多重要的成就與貢獻。他發現了地磁偏角的存在，比歐洲人發現時還早了四百餘年；也曾闡述凹面鏡成像原理、研究共振現象，可謂是多才多藝的科學家。

　　沈括生平集大成之《夢溪筆談》收錄了他這一生所有的發現與見解。這是一本以百科全書方式編寫而成的書籍，已成為中國科學史上的重要文獻。

　　沈括之妻張氏慄悍兇惡，平時欺壓沈括，然而沈括卻在張氏去世之後抑鬱寡歡，甚至曾跳河尋短未遂，後於隔年去世。

# #015 凡得瓦力

 搜尋人、地點和事物　🔍　 一奈米的宇宙　

 **凡得瓦爾**
140年前·🌐

凡得瓦力就像臉書的共同好友般，
把全世界給連接起來。

😮 哇　💬 留言　➤ 分享

👍😮 你、馬克·祖克柏、凡得瓦爾和其他570人

馬克·祖克柏 ✓ 所以是你厲害還是我厲害？
　讚·回覆·👍1.9萬·4小時

　　凡得瓦爾 凡得瓦力是連原子都能連接拉
　　讚·回覆·👍12·3小時

　　凡得瓦爾 聽說你連非洲都還在努力？
　　讚·回覆·👍10·3小時

　　凡得瓦爾 阿還有中國？
　　讚·回覆·👍14·3小時

　　一奈米的宇宙 你都不怕被刪臉書嗎…？
　　讚·回覆·👍21·3小時

　　✳ 回覆……

## 🧑 關於人生

據研究，在這個星球上的每個人和另外一個人只隔著大約六個人的距離。巴黎鐵塔下的戀人，和太平洋小船上的漁夫，或是在大安森林公園奔跑的孩子，無論你身處世界的哪一個角落，每個人都和另外六個人被牢牢綁在這個世界上，透過另一個人，你就可以打開一個新的世界。

## 📖 一奈米教室

凡得瓦力按照分子極性的不同，可分成三種類型：偶極─偶極力、偶極─誘導偶極力及倫敦分散力。

偶極─偶極力為兩極性分子間的作用力，因為極性分子偶極矩大於零，造成分子內部的電荷分布不均，故而產生正端和負端，這個正負端為永久極矩，其所形成的靜電作用力即偶極─偶極力。

偶極─誘導偶極力則是一個極性分子所形成的永久極矩，會將鄰近的非極性分子極化，使非極性分子短暫帶有正負端，這兩個正負端之間的吸引力即偶極─誘導偶極力。

倫敦分散力又稱為誘導偶極力─誘導偶極力，因為分子內部的電子本來就會任意運動，因此在造成電荷分布不均的瞬間會形成微弱的偶極矩，使微弱的正負兩端相互吸引。

約翰內斯·凡得瓦爾
Johannes van der Waals

✓朋友 ▼　✓追蹤中 ▼　💬發訊息　…

動態時報　關於　朋友　相片　更多

🔍 簡介

🎓 被授予劍橋大學博士學位

🎓 獲得諾貝爾物理學獎

🎓 畢業於萊頓大學

🏛 在阿姆斯特丹大學擔任教授

👥 朋友

Diederik Korteweg

Heike Kamerlingh Onnes

Hendrik Keesom

Peter Debye

Lorentz Wróblewski

James Dewar

中文(台灣)　English(US)　Español
Portugues (Brasil)　Français (France)　+

隱私政策 · 使用條款 · 廣告 · Ad Choices · Cookie
· 更多 ·
Facebook © 2017

凡得瓦爾 與 安培·歐姆·焦耳
140年前

名字被當作一種力的命名，
比被當作單位命名強多了。

👍 讚　💬 留言　➤ 分享

😊 你 · Peter Debye · Diederik Korteweg和其他126人

凡得瓦爾 😎 覺得彄連結好神。
140年前

中間隔著幾個人，我就能連接到拿破崙?!

👍 讚　💬 留言　➤ 分享

😊😊 你 · Heike Kamerlingh Onnes和其他143人

# 約翰內斯・凡得瓦爾 (Johannes van der Waals)

1837.11.23 - 1923.3.8　出生於荷蘭

　　凡得瓦爾生於荷蘭萊頓，在十個兄弟姊妹中排行最大，父親是工匠，但在十九世紀工人階級無法讓孩子就讀中學和大學，因此凡得瓦爾 15 歲唸完小學沒能繼續升學。四年後，他考取了教師執照，成為小學老師，之後更晉升為教務主任。凡得瓦爾 24 歲時，由於缺乏古典語言上的教育，在城裡的大學中只能算是未經正式錄取的學生，然而他希望成為在新的中學哈佛商學院教授數學及物理課的教師，因此花了兩年時間準備考試。皇天不負苦心人，1865 年他被聘請為哈佛商學院的物理教師，隔年在離萊頓很近的海牙也獲得相同職位。

　　凡得瓦爾一直遺憾沒能獲得接受古典語言教育的機會，無法進入大學當正規學生。但很巧的是，當時的教育部長改變了高考進入大學的規則，免除必須研究古典語言的規定，凡得瓦爾因此獲得考試資格並通過考試，在 1873 年得到了物理和數學博士學位。

　　1877 年 9 月，凡得瓦爾被任命為阿姆斯特丹市立大學的物理系第一教授，並一直待到退休。

　　1881 年，凡得瓦爾的妻子死於肺結核，享年 34 歲。妻子逝世後，女兒們回到家中照顧他，然而凡得瓦爾從此沒有再婚，對妻子的死一直耿耿於懷，此後十年，他都沒有再公開過任何關於自己的事情。

# #016 避雷針

搜尋人、地點和事物　　🔍　　一奈米的宇宙　　

 **富蘭克林**
266年前·🌐

晴天時你不必想起我，
難過時請你一定要記得聯絡我。
我願意做你的避雷針，
只在你需要的時候，默默犧牲自己守護你。

❤ 大心　💬 留言　➤ 分享

👍❤ 你、伏爾泰和其他5241人

 宇智波鼬 佐助❤
讚·回覆·👍441·3小時

 米卡莎 艾連❤
讚·回覆·👍573·2小時

 艾斯 魯夫❤
讚·回覆·👍512·剛剛

 留言......

## 🧑 關於人生

我會在你傷心的時候騰出肩膀借你，耍猴戲逗你開心；在你大哭的時候遞上衛生紙，說你哭的時候一點都不醜；在你絕望的時候用盡各種方法讓你看見希望，只要你能在難過的時候第一個想起我，就算只是孤獨的存在，就算你永遠看不見，我也沒有關係。

## 📺 一奈米教室

在現代建築中，避雷針被廣泛裝設在建築物頂端，常用的材料為銅。它是利用尖端放電的原理，把天空中漫無目標的電荷導入地下裝置以達到中和，使雷雲裡的電量減少，避免過度累積電荷而引發巨大的雷電。在雷電發生的同時，避雷針還可以吸引雷電的放電通道，並以低電阻的電纜接地將電流導入地球表面，防止巨大的電流波及建築物、樹木或是移動中的物體。

f　搜尋人、地點和事物　🔍　　　一奈米的宇宙　👥 🔔¹ 🌐¹⁷

## 班傑明·富蘭克林
### Benjamin Franklin
✓朋友▾　✓追蹤中▾　◉發訊息　⋯

動態時報　關於　朋友　相片　更多

⊛ 簡介

🚗 起草《美國獨立宣言》
🏛 擔任美國駐法國大使
🏛 擔任美國駐瑞典大使
🏛 第一任美國郵政總長
🏛 獲得科普利獎章

👥 朋友

伏爾泰　威廉·基思爵士　Deborah Read

理查德·巴克

中文(台灣)　English(US)　Español
Portugues (Brasil)　Français (France)　＋

隱私政策 · 使用條款 · 廣告 · Ad Choices · Cookie
· 更多 ▾
Facebook © 2017

 富蘭克林 ✅ 覺得肚子餓。
266年前 🌐

為了買書只好吃素QQ

👍 讚　💬 留言　✦ 分享
🔵 你、威廉·基思爵士、Deborah Read和其他406人

　留言......

 富蘭克林 ✅ 覺得曾子弱。
266年前 🌐

吾日十三省吾身。

👍 讚　💬 留言　✦ 分享

# 班傑明・富蘭克林 (Benjamin Franklin)

1706.1.17 - 1790.4.17　　　出生於美國（英國北美殖民地）

　　富蘭克林小時候非常聰慧、調皮，但同時具有獨特的領袖魅力，時常帶領同齡的小朋友做出一些搗蛋的事情，但到了 12 歲時，富蘭克林開始在兄長的出版社幫忙，17 歲時便出走到了費城，過了幾個月之後輾轉到了倫敦一家印刷廠工作。不久，富蘭克林決定回到費城，成立自己的印刷公司。富蘭克林的公司發行了自己的報紙，富蘭克林本人甚至親自執筆撰寫文章，在當時社會引起一陣旋風。

　　1731 年，富蘭克林號召數個朋友共同建立了費城的第一間公共圖書館，裡頭藏書包羅萬象，對當時費城人民的啟蒙貢獻良多。

　　1743 年，富蘭克林籌備創立一家學院，即今日賓州大學的前身。也在這個時期，他開始了一系列關於電的研究。富蘭克林發現，電荷分為「正」、「負」，而且兩者的數量守恆。除此之外，他也對於氣象學頗有貢獻。當時為了幫自己的報紙尋找新聞題材，富蘭克林經常到農夫市集打聽消息，有次聽聞某地出現暴風雨，過不久後又傳聞鄰近其他地方也發生了風暴，於是他推測這兩地的風暴應該是同一個，進而提出暴風會移動的概念，衍伸出了日後的天氣分析、天氣圖，改變當時只靠目測來預報天氣的方式。

　　1751 年，富蘭克林在賓州成立了一家醫院，成為全美的

首間醫院。1754 年，富蘭克林參加殖民地大會，提出各種殖民聯合計畫，雖然在當時這些計畫沒有被接納，但仍有不少提議在日後被放入了《美國憲法》之中。富蘭克林也被選為英國北美殖民地大陸會議的成員，共同起草了《美國獨立宣言》。

　　在人權觀念上，富蘭克林是堅定反對黑奴制度的偉人，還組織要求釋放被非法監禁黑人的集會。

　　退休後的富蘭克林仍然被邀請出席修改《美國憲法》，成為唯一一位同時簽署美國建國三項法案──《獨立宣言》、《1783 年巴黎條約》、《美國憲法》──的建國先賢。

《獨立宣言》手稿。／維基百科

Chapter 03

# 倦 怠

人生如此漫長，
有時候真的想好好休息

# #017 熱力學第二定律

動態時報　牛騷發文

 搜尋人、地點和事物　🔍　　☀ 一奈米的宇宙　👥

　**克勞修斯** 和馬克士威及其他六個人
167年前 · 🌐

## 我的房間符合熱力學第二定律，時間久了就亂七八糟。

👍 讚　💬 留言　➤ 分享

👍 你、雅各·施泰納和其他193人

永動機　QQ
讚 · 回覆 · 👍 68 · 3小時

心很痛　亂的不肆房間，肆媒的心
讚 · 回覆 · 👍 10 · 2小時前

G　Gibbs Energy　沒人在乎我？
讚 · 回覆 · 👍 395 · 2小時前

黑格爾　誰可以和我說說為什麼一個房間擠了八個人？
讚 · 回覆 · 👍 15 · 剛剛

☀　留言……

## 👤 關於人生

　　每個人都會有屬於自己的整理哲學，有些人必須絲毫不差地把所有物品放置到它們應該在的位置，甚至還要是固定的角度；另一類的人則是空間越亂越能幫助他們找到東西。我就是屬於後者，時間過得越久，我就越不想整理房間；我的房間越亂，我就越容易找到我要的東西。

## 📖 一奈米教室

　　熱力學第二定律牽涉到兩種物理量──溫度和熵（讀作「商」），「熵」表示一個系統通過熱力學的過程向外界最多可以做多少熱力學的功，一個孤立系統的熵不會減少（熱不能自發地從冷處轉到熱處，而不引起其他變化）。任何高溫的物體在不受熱的情況下，都會逐漸冷卻。因此，熱力學第二定律也可說是熵增原理。

　　熵亦被用於計算系統中的「失序現象」，也就是計算該系統混亂的程度，一個封閉系統的紊亂程度（科學術語上稱之為「亂度」，entropy）將會持續上升。

動態時報
牢騷發文
搜尋人、地點和事物
一奈米的宇宙
克勞修斯
Clausius
朋友
追蹤中
發訊息
動態時報
關於
朋友
相片
更多
簡介
生於波美拉尼亞省的克斯林市(現波蘭科沙林)
於柏林大學讀數學和物理
在蘇黎世聯邦理工學院擔任教授
於1879年獲得科普利獎章
朋友
海因里希·馬格努斯
約翰·彼得·狄利克雷
雅各·施泰納
阿德萊德·麗姆普蘭姆
索菲·薩克
中文(台灣) English(US) Espanol
Portugues (Brasil) Francais (France)
隱私政策 - 使用條款 - 廣告 - Ad Choices - Cookie - 更多
Facebook © 2017
克勞修斯 覺得厭世。
164年前
宇宙的熵趨於最大值，
這個世界無可避免的注定走向一片死寂。
嗚 留言 分享
你、理察．費曼和其他158人
理察·費曼 前輩別慌，我的理論會拯救宇宙的。
讚 回覆 4183 80年前
留言……
克勞修斯 覺得不想反抗。
164年前
再不整理房間又要被老婆罵了QQ

# 魯道夫‧朱利葉斯‧埃曼努埃爾‧克勞修斯
## (Rudolf Julius Emanuel Clausius)

1822.1.2 - 1888.8.24　出生於德國

　　克勞修斯是數學家兼物理學家，更是熱力學完整概念的主要奠基人。他重新敘述卡諾循環 (Carnot cycle)，把熱力學從理論面導向更貼近實際的應用。1847 年，克勞修斯從哈雷大學取得博士學位，隨後當上柏林皇家砲兵工程學院的物理教授以及柏林大學的無俸講師。

　　1850 年，是熱力學歷史上重要的一年，克勞修斯首次明確點出熱力學第二定律的基礎概念，並指出卡諾循環與質量守恆的概念不同。1854 年，他定義了「熵」的概念：熱不能自發地從低溫物體傳向高溫物體。同年，轉任職蘇黎世聯邦理工學院擔任教授。到了 1857 年，克勞修斯改良了奧古斯特‧克羅尼格 (August Krönig) 的氣體動力學模型，引進了更多分子的移動、轉動、振動等因素，提出了一顆粒子平均自由路徑的概念，促進了整個分子運動力學的發展。

　　克勞修斯還曾參與過 1870 年的普法戰爭，並自己組織了一支救護隊。然而他在戰爭當中受到了嚴重的傷害，雖因此榮獲了鐵十字勳章，卻留下了永久的殘疾。

　　克勞修斯的妻子在 1875 年分娩的時候去世，留下六個小孩由他一人扶養，但這份養育工作並沒有中斷克勞修斯的教學生涯。

　　1886 年，克勞修斯再婚，與索菲‧薩克 (Sophie Sack) 結婚，並育有一子。兩年後，克勞修斯在德國波恩去世。

# #018 相對論

動態時報　牢騷發文

 搜尋人、地點和事物　🔍　☀ 一奈米的宇宙　

 **愛因斯坦**
102年前·🌐

熬夜後去上課，
其實是對自己加速到光速的反應，
一眨眼怎麼就下課了。

👍 讚　💬 留言　➤ 分享

👍 你、米列娃·馬利奇和其他27萬人

乙太 幹
讚 · 回覆 · 👍438 · 102年前

冨樫義博　呵，別以為用這招就能看到獵人結局
讚 · 回覆 · 👍1215 · 102年前

米列娃·馬利奇　上課給我認真點......
讚 · 回覆 · 👍41 · 102年前

留言......

## 👤 關於人生

昨天已經不知道是我第幾次發誓永遠不要再熬夜了，偏偏今天又是早八，我拖著生不如死的靈魂終於到教室坐定，好像發生了很多事，又好像什麼事也沒發生，一眨眼恍惚間我看到教授走下講臺，然後這堂課結束了……

## 🔬 一奈米教室

在愛因斯坦的「狹義相對論」中，最重要的初始假設為「光速不變原理」，意思是說真空中光速獨立於參考系統，光在真空中的傳播速度相對於觀測者，永遠都是常數，不會隨光源和觀測者所在參考系的相對運動而改變。這個數值是299,792,458 公尺 / 秒。基於這個原理，可以建立起一種新的時空觀──「相對論時空觀」。

當物體運動時，它的一切（物理、化學變化）從靜止參照系統的角度來看都會變慢，這稱為「時間膨脹」（時間變慢了）。若飛機以固定速度飛行地球數圈後，再用地面靜止觀察者的時鐘去測量，得到的結果會是不論該飛機的飛行方向為何，飛機上的時鐘都會隨著飛行速度增加而變慢。（儘管此結論非常違反日常直觀體驗，但卻已經被無數實驗證實，且被實際應用到諸多科技當中，例如：手機中的 GPS。）

搜尋人、地點和事物　　🔍　　☀一奈米的宇宙

# 阿爾伯特·愛因斯坦
## Albert Einstein ✓

✓朋友▼　✓追蹤中▼　💬發訊息　⋯

動態時報　關於　朋友　相片　更多

## 🌐 簡介

- 🕐 1879年3月14日出生於德國
- 🚃 就讀 瑞士蘇黎世聯邦理工學院
- 🏛 在瑞士伯爾尼專利局 擔任小員工
- ❗ 1905年 讚嘆我奇蹟的腦
- ♥ 關係 一言難盡

## 👥 朋友

 馬克斯·格羅斯曼

 米列娃·馬利奇

 英納斯·勒林

愛爾莎·愛因斯坦

馬莉·溫特勒

中文(台灣) English(US) Espanol
Portugues (Brasil) Francais (France)　　＋

 愛因斯坦 ✓ 覺得我的情史就這樣全都被抖出來了。
102年前

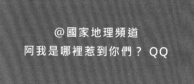

@國家地理頻道
阿我是哪裡惹到你們？ QQ

😮 哇　💬留言　➤分享

👍😮 你、伯特蘭·羅素和其他3.7萬人

米列娃·馬利奇 活該死好
讚 回覆 👍3487 · 102年前

留言……

 愛因斯坦 ✓ 在1905年。
112年前

再退件我的論文沒關係。反正我就繼續寫。

# 阿爾伯特・愛因斯坦 　(Albert Einstein)

1879.3.14 - 1955.4.18 　　出生於德國

　　猶太裔物理學家愛因斯坦是世界公認二十世紀最具影響力的人物之一。與許多天才科學家一樣，愛因斯坦小時候常常被老師視為問題學生。畢業以後愛因斯坦先來到了瑞士專利局工作，在這裡的工作大大改變他的一生。愛因斯坦習慣利用早上的時間快速處理完專利局的工作，剩下的所有時間就能全心全意投入他的研究當中。1905 年，愛因斯坦連續發布了「光電效應」、「布朗運動」、「狹義相對論」、「質能轉換關係式」等四篇重量級論文，其中質能轉換關係式正是大家耳熟能詳的 $E=mc^2$，此方程式直接影響了往後人類歷史的發展，舉凡輻射、太陽能量來源，到促使核能的使用、原子彈武器的發展等，通通由這個簡單的方程式推導出來。因此 1905 年不但被稱為「愛因斯坦奇蹟年」，世人更在一百年後的 2005 年紀念其為「世界物理年」。

　　除了 $E=mc^2$ 之外，愛因斯坦被眾人所知的就是「狹義相對論」，此理論完全顛覆過去傳統牛頓力學的觀點，建立全新的時間與空間的體系。然而這個重大的理論卻在剛發表的時候不被重視，其中一種說法是因為沒有多少人能夠看得懂「相對論」到底在說什麼！但很快的，在 1915 年，愛因斯坦發表了「廣義相對論」來補足「狹義相對論」敘述不足之處，並且預言光線經過太陽重力場時會被重力所彎

曲。這個大膽的預言在四年後被英國天文學家愛丁頓 (Arthur Eddington) 觀測日食時所證實。一時之間，愛因斯坦聲名大噪，連帶「相對論」也被廣為傳閱與討論。英國《泰晤士報》的頭條新聞標題宣告：「科學革命，宇宙新理論已將牛頓以往的觀點推翻。」

隨後愛因斯坦也因為應用量子論解釋光電效應而榮獲諾貝爾物理學獎。然而事實上，愛因斯坦在 1905 年的那四篇重量級論文，以及 1915 年的「廣義相對論」，都至少該獲得一次諾貝爾獎。

愛因斯坦是堅定的反戰人士，儘管他的發現間接促成原子彈的誕生，但他終其一生都為反戰而奔走，甚至為了原子彈的發明而感到後悔。他曾說：「我一生之中犯了一個巨大的錯誤：我簽署了那封要求羅斯福總統製造核武器的信。但是犯這錯誤是有原因的：德國人有製造核武器的可能性。」

1955 年，愛因斯坦長眠於美國，被譽為「現代物理學之父」，也是二十世紀最為重要的科學家。

以色列紀念愛因斯坦所發行的鈔票。／iStock

# #019 惰性氣體

動態時報　牢騷發文

 f 搜尋人、地點和事物 🔍　　☀一奈米的宇宙 👥 💬10 🌐2

 **威廉·拉姆齊** 😑 在做一個完美的八隅體。
135年前·🌐

假日的自己就是惰性氣體，
遠離煩人的交際，作一個不拿也不給的完美八隅體。

👍 讚　💬 留言　➤ 分享

👍 你、瑞利、和其他166人

**氦氖氬** 耍廢也要牽拖我們==？
讚·回覆·👍42·3小時

　　**氪氙氡** 樓上森77
　　讚·回覆·👍91·2小時

　　**威廉·拉姆齊** 你們什麼時候這麼外向了......
　　讚·回覆·👍925·2小時

　　💬 回覆......

**氟氯鈉** 粗乃玩（ノ≧V≦）ノ　粗乃玩（ノ≧V≦）ノ
讚·回覆·👍931·2小時

☀ 留言......

## 👤 關於人生

今天是星期日，在開始寫這段文字之前我經過整個早上痛苦掙扎，我明知道應該早點起床迎接這個美妙的週末，應該出門去走走看看這個世界，但是誰能抵得過床鋪的呼喚呢？沒有人！所以我放棄抵抗，閉上眼睛享受這一刻。

## 📖 一奈米教室

惰性氣體又稱鈍氣、貴氣體，是指元素週期表第十八族（8A 族）元素，包含氦 (He)、氖 (Ne)、氬 (Ar)、氪 (Kr)、氙 (Xe) 和氡 (Rn)。常溫常壓下為無色無味的單原子氣體，因其最外層的電子殼層（價殼層）已填滿電子，形成八隅體，故而非常穩定，極少進行化學反應，因此得到「惰性氣體」的名稱。

值得一提的是，氦元素最外層只有兩個電子，故不算是八隅體。

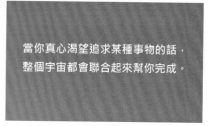

🎯 **簡介**

🚌 從 格拉斯哥學院 畢業

🚌 就讀 格拉斯哥大學

🏢 在 安德森學院 擔當 助手

🏢 在 布里斯托大學 擔任 教授

🕐 於1904年獲得 諾貝爾化學獎

👥 **朋友**

瑞利

威廉·倫道夫·菲蒂希

弗雷德里克·索迪

皮埃爾·讀禮

威廉 · 拉姆齊　😀 覺得我愛化學，化學愛我。
123年前·

**當你真心渴望追求某種事物的話，整個宇宙都會聯合起來幫你完成。**

👍 讚　💬 留言　↗ 分享

😊 你、瑞利和其他2182人

　留言……

威廉 · 拉姆齊
127年前·

每天在寢室做實驗，希望室友不要討厭我……

# 威廉 · 拉姆齊 (William Ramsay)

1852.10.2 - 1916.7.23　出生於英國

　　威廉 · 拉姆齊是英國的天才化學家，年僅 14 歲就已經跳級並進入了格拉斯哥大學就讀，後來也取得博士學位。僅 28 歲就被布里斯托大學任命為大學教授，後來成為化學系系主任。在這段期間，拉姆齊大量發表研究的成果，包含幾篇關於氮氧的重量級論文。

　　1894 年，英國物理學家瑞利 (Lord Rayleigh) 發現亞硝酸銨分解後得到的「氮氣」與空氣中得到的「氮氣」密度不同（意即空氣中當時認為的氮氣，其實可能隱含其他元素），經過討論後，拉姆齊與瑞利決定共同探索此現象的原因，於是各自著手研究，並在同年 8 月，兩人一起宣布發現人類第一個惰性氣體——氬。

　　1895 年，拉姆齊從釔鈾礦中分離出氦。隨後拉姆齊又陸續發現了氖、氪和氙，幾乎所有惰性氣體的發現都跟拉姆齊有關。

　　1904 年，拉姆齊因為發現空氣中的惰性氣體元素，並確定它們在元素週期表的位置，被授予諾貝爾化學獎。

　　1910 年，他與羅伯特 · 懷特洛—格雷 (Robert Whytlaw-Gray) 一起分離出氡，透過測定密度，確定了氡是目前已知氣體中密度最高者。

　　拉姆齊長年居住在白金漢郡的海威科姆，直到 1916 年因

為鼻癌去世。如今在海威科姆有一所以拉姆齊命名的中學，紀念拉姆齊這一生替人類做出的偉大貢獻。

　　拉姆齊的主要著作有《無機化學體系》、《大氣中的氣體》、《現代化學》、《元素和電子》等。

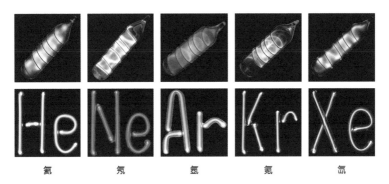

氦　　　氖　　　氬　　　氪　　　氙

惰性氣體。

# #020 元素週期表

動態時報　牢騷發文

 搜尋人、地點和事物　🔍　 一奈米的宇宙　

 **門得列夫**
148年前 · 🌍

我討厭熱力學那些傢伙，
我看見東西亂七八糟就想把他們排好。

😮 哇　💬 留言　➤ 分享

👍😮 你、克勞修斯、卡諾和其他876人

克勞修斯 卡諾 湯姆森 馬克士威 Zeuner 波茲曼 吉布斯 范德瓦耳斯
讚 · 回覆 · 🕐1087 · 148年前

卡諾 踹共
讚 · 回覆 · 🕐207 · 148年前

門得列夫 今晚八點，英國倫敦大笨鐘，笨字頭下見
讚 · 回覆 · 🕐136 · 148年前

🔆 留言......

## 關於人生

我對整齊就是有莫名的執著，認為每一樣東西都應該有一處屬於它的位置，小說應該放在書櫃左邊數來第三個格子，馬克杯和玻璃杯要分別放在架子的最左邊和最右邊，衣服也一定要照顏色收納，我才可以好好過活，因為我一生最受不了的就是混亂。

## 一奈米教室

現代的元素週期表由門得列夫於 1869 年所創造，根據元素之原子序從小至大排序。週期表大體呈長方形，由於某些元素尚未被發現，因此表上留有空格。在週期表中，特性相近的元素會被歸在同一族中，如：鹵素及惰性氣體，使週期表得以形成元素分區。

由於週期表能夠準確推知各種元素的特性，標示彼此之間的關係，因此被廣泛使用在化學及其他科學範疇中，作為分析化學行為時十分有用的參考。

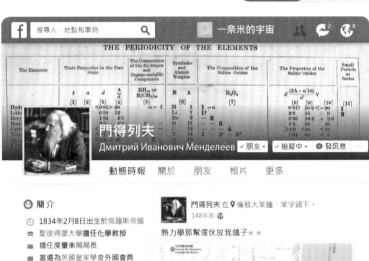

搜尋人、地點和事物　Ｑ　🔆 一奈米的宇宙

門得列夫
Дмитрий Иванович Менделеев　✓朋友▾　✓追蹤中▾　● 發訊息　…

動態時報　關於　朋友　相片　更多

### ◷ 簡介

⏱ 1834年2月8日出生於俄羅斯帝國

🎓 聖彼得堡大學擔任化學教授

🏛 擔任度量衡局局長

🏛 當選為英國皇家學會外國會員

🎖 獲得科普利獎章

### 👥 朋友

克勞修斯　湯姆森　卡諾

馬克士威　吉布斯　波茲曼

中文(台灣)　English(US)　Español
Portugues (Brasil)　Français (France)　＋

隱私政策 · 使用條款 · 廣告 · Ad Choices · Cookie
· 更多 ▾
Facebook © 2017

 門得列夫 在 📍倫敦大笨鐘 · 笨字頭下。
148年前 🌐

熱力學那幫傢伙放我鴿子＝＝

🍺 倫敦大笨鐘 · 笨字頭下
87個人曾在這裡打卡　　　　　　　儲存

👍 讚　💬 留言　➤ 分享

 你、克勞修斯、湯姆森和其他6人

💬 留言……

門得列夫 😊 覺得就是愛整理。
148年前 🌐

整理書桌整理房間整理實驗室囉～

# 德米特里‧伊萬諾維奇‧門得列夫
(Дми́трий Ива́нович Менделе́ев)

1834.2.8 - 1907.2.2　出生於俄國

　　門得列夫的父親在他小時候便去世了，留下門得列夫與母親兩人相依為命。門得列夫長大後，母親希望他可以就讀莫斯科大學，便帶著門得列夫步行到了莫斯科，才發現因為出身邊陲，不符合莫斯科大學的入學資格，最後門得列夫只好進入聖彼得堡大學就讀。

　　門得列夫在聖彼得堡大學研讀物理還有數學，並以非常優異的成績順利畢業，但卻不幸染上肺結核，他只好搬到鄉下休養。在休養期間他仍然維持閱讀的習慣，並不斷自修，等肺結核病情好轉後，他也唸完了聖彼得堡大學的碩士學位，更成為聖彼得堡大學的講師。在一次幸運的機會之下，門得列夫得以前往在當時科學研究較為進步的德國與法國，並在德國海森堡進行流體毛細管現象的研究以及光譜儀的製作。1861 年，門得列夫出版了他第一本關於光譜儀的書。

　　但門得列夫真正被大家所記得的原因，卻是在於他發明了元素週期表。1869 年，門得列夫意外發現元素具有某種程度的週期性，每隔幾個元素，類似的性質便會不斷重複，他因此整理出了第一張元素週期表。當時門得列夫將所有的元素按照原子量由小到大排列，甚至預留下了幾格空白，預測將來會有新的未知元素列入其中。果然原先預計需要填補的元素也在之後陸續被人發現。不過，門得列夫後來又對各元

素重新測定原子量，並於 1871 年發表了改良過的第二張元素週期表。

　　另外，門得列夫的名著《化學原理》，在兩百年前被國際化學界公認為標準著作，影響了後世許許多多的化學家。不僅如此，他也一生致力推動俄羅斯人的化學教育，作育英才無數，可以說是他將化學帶回莫斯科，稱他是「俄羅斯化學之父」也不為過。

## Periodic Table of the Elements

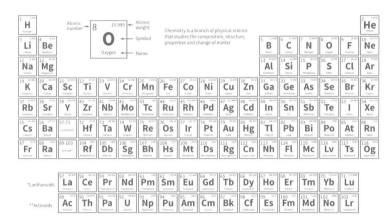

現代版元素週期表。／iStock

# #021 用進廢退說

搜尋人、地點和事物　🔍　　　☀ 一奈米的宇宙　

　拉馬克
208年前·🌐

人的大腦其實符合用進廢退說，
這解釋了人類智商最高點為什麼總是出現在高三下學期。

😆 哈　💬 留言　➤ 分享

👍😆 你、魏斯曼和其他977人

　　魏斯曼　摁... 但用進廢退之後的性狀好像不會遺傳給下一代耶......
　　讚·回覆·👍 438·208年前

　　　　拉馬克　不要跟我起爭議
　　　　讚·回覆·👍 37·208年前

　　　　魏斯曼　摁...可是我實驗室的老鼠......
　　　　讚·回覆·👍 46·208年前

　　　　拉馬克　好了B嘴
　　　　讚·回覆·👍 121·208年前

　　　☀ 回覆......

☀ 留言......

## 👤 關於人生

想當年我還是高三生的時候，讀古文、解數學題、背七千單字哪難得倒我，在那段高壓又緊湊的時光裡，我每天往圖書館報到，除了吃飯和睡覺之外都在唸書，腦容量在短期間內迅速擴增，智商也彷彿翻倍成長，只能說那是我人生中最輝煌的一段時光！

## 🔬 一奈米教室

「用進廢退說」和「獲得性遺傳」是由法國生物學家拉馬克於十九世紀初所提出，是拉馬克主張的演化學說之理論基礎。拉馬克認為生物經常使用的器官會逐漸發達（網球選手的慣用手臂明顯較粗壯就是這個道理），而不使用的器官會逐漸退化，此即「用進廢退」。

拉馬克進一步認為用進廢退這種後天獲得的性狀是可以遺傳的，生物可以把後天鍛鍊的成果遺傳給下一代。根據這個說法，他推測長頸鹿的祖先原本是短頸，但是為了要吃到樹上更高的葉子得將脖子和前腿伸長，經過用進廢退而變長的脖子和前腿，再通過遺傳而演化為現在的長頸鹿[2]。

搜尋人、地點和事物　　　 一奈米的宇宙　

# PHILOSOPHIE
## ZOOLOGIQUE,

 讓-巴蒂斯特·拉馬克
Jean Baptiste Lamarck

✔朋友 ▾　✔追蹤中 ▾　發訊息　⋯

動態時報　關於　朋友　相片　更多

## 簡介

- 出生於 法國
- 在法蘭西科學院擔任 院士
- 撰寫《動物哲學》

## 朋友

 聖伊萊爾　 盧梭　 達爾文

中文(台灣) English(US) Español
Portugues (Brasil) Français (France)

隱私政策·使用條款·廣告·Ad Choices·Cookie
·更多▾
Facebook © 2017

 拉馬克 😊 覺得餓。
209年前 🌐

I am a scientist, I am hungry.

👍 讚　💬 留言　➤ 分享

👍😊 你、達爾文和其他2176人

留言……

 拉馬克 😊 覺得用進廢退，希望無窮。
206年前 🌐

我要努力用我的腦，然後把它遺傳給我孩子！

# 讓一巴蒂斯特・拉馬克 (Jean-Baptiste de Lamarck)

1744.8.1 - 1829.12.18 　出生於法國

　　拉馬克年輕時候與盧梭 (Jean-Jacques Rousseau) 相識，盧梭分享給拉馬克許多關於思想、哲學等事情，但更重要的是盧梭分享了他的科學研究與經驗，對拉馬克造成了巨大影響，促使他在原本就喜愛的生物領域上開始更深入的研究。

　　1809 年，拉馬克發表了《動物哲學》，是科學革命後第一本依據科學與實際觀察，並以系統化方式書寫而成的進化理論，在當時被通稱為「拉馬克學說」。拉馬克學說中提出了「用進廢退」、「獲得性遺傳」兩個重要的概念，拉馬克認為用進廢退和獲得性遺傳就是生物產生變異的原因，也是適應環境的過程。

　　然而這一曠世巨作在當時卻沒有獲得迴響，甚至還遭受到不少人的嘲笑與貶抑。拉馬克的一生都很困苦，除了貧窮與疾病纏身，晚年還雙眼失明，但他仍然憑著自己對於科學的熱愛，孜孜不倦鑽研真理，透過小女兒的協助，以口述方式出版一本本科學書籍，用盡一生奉獻在發展生物科學。

　　如今更為知名的生物學家達爾文 (Charles Darwin) 亦受到拉馬克的影響，雖然他曾試圖反駁拉馬克的遺傳機制，但事實上達爾文的「天擇說」便是以拉馬克的理論模型為基礎。因此儘管拉馬克的理論有不少錯誤，但他對生物學的貢獻仍舊不可忽視，應被視為是生物進化論的先驅者。

2 然而這個學說後來卻被德國科學家魏斯曼 (August Weismann) 的
  實驗給推翻。魏斯曼在實驗中將雌、雄老鼠的尾巴都切斷後，再
  讓其互相交配來產生子代，生出來的結果依舊都是有尾巴的；再
  同樣將這些子代的尾巴切斷後互相交配產生下一代，下一代的老
  鼠也仍然是有尾巴的。魏斯曼重複進行這樣的實驗至第二十一
  代，其子代仍然擁有尾巴。

拉馬克《動物哲學》（*Philosophie zoologique*，
亦譯作《動物學哲學》）1809年初版扉頁。／維基百科

# #022 最大靜摩擦力

動態時報　牢騷發文

 搜尋人、地點和事物　🔍　　一奈米的宇宙

 **庫侖**
227年前·🌐

我們都知道，物體要克服最大靜摩擦力後才會開始移動，
起床去讀書也是、下定決心吃少一點也是。

😢 嗚　💬 留言　➤ 分享

👍😢 你、安培、潤滑油和其他310人

 **安培** 先減少你的正向力吧胖子
讚·回覆·👍268·227年前

 **潤滑油** 或許你可以考慮看看我 😊
讚·回覆·👍195·227年前

　 **庫侖** 私聊
　讚·回覆·👍187·227年前

　 回覆......

 留言......

## 👤 關於人生

活到現在回頭看看這不算多不算少二十幾年的歲月裡，對熬夜的經驗真不算少，有時候喝了三杯咖啡還是睡到不省人事，有時候想先暫時睡二十分鐘，再睜開眼睛的時候已經是隔天早上了。在這些熬夜失敗的經驗裡，我歸納出心得：熬夜存在一個微妙的臨界點，越接近臨界點路上越痛苦，但只要堅持到通過臨界點，便從此海闊天空，能夠繼續熬夜了。

## 📖 一奈米教室

當外力逐漸增加到使物體開始移動的瞬間，靜摩擦力就達到了最大值，此時的靜摩擦力也稱為「最大靜摩擦力」；換句話說，若欲推動某一物體使其開始移動，就必須施加等同於其最大靜摩擦力的外力。

想像自己正在推著一個巨大的物體，你逐漸增加力氣推它，但它始終靜止於原地，此時的摩擦力稱為「靜摩擦力」，而靜摩擦力會隨你給它的外力增加而變大，接著你用盡全身的力氣繼續推，物體終於移動了，物體移動的這個極短暫瞬間的摩擦力稱為「最大靜摩擦力」。最後你終於有辦法將此物體推行五公尺遠，在與物體一起移動的過程所產生的摩擦力就稱為「動摩擦力」。

f　搜尋人、地點和事物　🔍　　　一奈米的宇宙

夏爾·奧古斯丁·德·庫侖
Charles Augustin de Coulomb　∨朋友 ▾　∨追蹤中 ▾　● 發訊息　…

動態時報　關於　朋友　相片　更多

⊙ 簡介

■ 在法國科學院擔任 院士
🚋 曾就讀 軍事工程學校
🚋 發明 庫侖定律

👥 朋友

安培　路易十六　拿破崙

羅伯斯庇爾

中文(台灣)　English(US)　Espanol
Portugues (Brasil)　Francais (France)　　　+

隱私政策 · 使用條款 · 廣告 · Ad Choices · Cookie
· 更多 ·
Facebook © 2017

庫侖 😊 在與棉被奮鬥
227年前 🌐

雨天會讓起床的摩擦係數更大QQ

👍 讚　💬 留言　➤ 分享

🔘 你 · 路易十六 · 拿破崙和其他104人

　　　💬 留言......

庫侖 😊 在尋找我的滑板鞋
227年前 🌐

摩擦摩擦

👍 讚　💬 留言　➤ 分享

# 夏爾·奧古斯丁·德·庫侖(Charles Augustin de Coulomb)

1736 - 1806　　出生於法國

　　物理學家庫侖出生在昂古萊姆 (Angoulême)，他的生涯前期卻是軍人，後來因為自身健康因素而被迫除役，從此有了自己的空閒時間，便開始進行科學研究，提出了著名的「庫侖定律」。

　　然而大多數人比較了解的是庫侖在電學上的成就，卻鮮有人知道庫侖在力學上對於摩擦力的貢獻。人類對於摩擦力的了解，可以追溯到兩千多年前亞里斯多德（見後文 #026 地心引力）提出的概念，其後的科學家們也紛紛對於摩擦力展開各式各樣的研究。十八世紀後，歐洲進入了工業時代，對各種機械的使用需求大量上升，機器的使用效率與耐磨度逐漸受到重視。巴黎科學院曾在 1781 年以「摩擦定律與繩的倔強性」為題目，舉辦了有獎徵答競賽。庫侖依照先前科學家們的觀察與研究，再加上自己大量的實驗結果，整合出了《簡單的機械理論》論文，贏得了這次競賽的優勝獎，此即「庫侖定律」：

　　庫侖摩擦第一定律：摩擦力跟作用在摩擦面上的正壓力成正比，跟外表的接觸面積無關，也就是現在所稱的「靜摩擦定律」和「滑動摩擦定律」。

　　庫侖摩擦第二定律：滑動摩擦力和滑動速度大小無關。這一結論，若作為普遍法則並不正確，實際上滑動摩擦力和

滑動速度的關係相當複雜。

　　庫侖摩擦第三定律：最大靜摩擦大於滑動摩擦力。

　　庫侖二項式定律：這是反映摩擦力和負載之間的關係，即滑動摩擦力。

　　庫侖對摩擦的研究，總結了從達文西 (Leonardo da Vinci) 到阿蒙頓 (Guillaume Amontons) 的理論，提出了他自己的摩擦定律，但實際上這些定律只能算是經驗公式，對於實際情況也僅僅是近似的、粗淺的描述。不過即使如此，庫侖對力學的貢獻仍是不可抹滅。

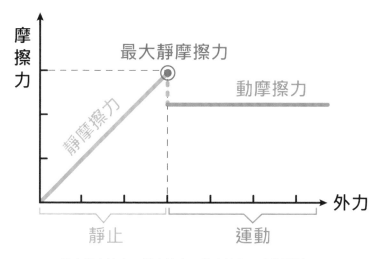

最大靜摩擦力、靜摩擦力、動摩擦力三者的關係。

# #023 勞侖茲力

 搜尋人、地點和事物   Q    ☀ 一奈米的宇宙

 **勞侖茲**
125年前 · 🌐

人是孤獨的，
因為在這電磁力主宰的宇宙，
我們這輩子永遠無法真正碰到對方，
甚至無法碰到自己。

😢 嗚   💬 留言   ➤ 分享

👍😢 你、質子、中子、電子和其他2176人

Proton **質子** 電子我倆明明情投意合，卻被迫相隔天涯QQ
讚 · 回覆 · 👍238 · 125年前

   **波耳** sorry
   讚 · 回覆 · 👍112 · 84年前

   ☀ 回覆......

Neutron **中子** 質子你都有我了！😊
讚 · 回覆 · 👍305 · 125年前

☀ 留言......

## 😊 關於人生

　　獨自坐在擁擠的火車月臺上，我出神望著來來往往的人群，有些人匆匆下車，有些人依依不捨，每個人臉上都流露出今天的情緒。我忽然想起過往，很多人曾經出現在我的生命裡，也有不少人離去了──你我終究都是一個人來到這世上，最後也是一個人離去。

## 📖 一奈米教室

　　電磁力是處於電磁場的帶電粒子所受到的作用力。在電動力學裡，電磁力稱為勞侖茲力。對於決定日常生活所遇到的物質的內部性質，電磁力扮演重要角色。在物質內部，分子與分子之間彼此相互作用的分子間作用力，就是電磁力的形式之一。分子間作用力促使物質呈現出各式各樣的物理與化學性質。

　　日常生活中所感受到超過原子尺度以外的現象，除了重力以外，其他都是電磁力所造成，包括日常經驗到推或拉一物體的力，都可以解釋為身體分子和物體分子的分子間作用力。從微觀來看，一個人身上的原子是不可能真正接觸到另一個人（或自己）身上的原子，因為原子之間靠近到一定程度就會出現電磁力所提供的斥力來使兩原子無法接近。

搜尋人、地點和事物　　　一奈米的宇宙

## 亨德里克·安東·勞侖茲
## Hendrik Antoon Lorentz

✓朋友▾　✓追蹤中▾　✈發訊息　⋯

動態時報　關於　朋友　相片　更多

### ⊙ 簡介

🕐 在荷蘭擔任 諾貝爾獎得主

🚂 曾就讀於 萊頓大學

🏛 就任於 荷蘭皇家藝術與科學學院

### 👥 朋友

彼得·塞曼

詹姆斯·克拉克·
馬克士威

麥可·法拉第

路德維希·
波茲曼

威廉·維恩

亨利·龐加萊

中文(台灣)　English(US)　Español
Português (Brasil)　Français (France)
＋

隱私政策·使用條款·廣告·Ad Choices·Cookie
·更多▾
Facebook © 2017

**勞侖茲** 與法拉第、厄斯特、馬克士威。
125年前 🌐

## 所以誰才算電磁學之父?

👍 讚　💬 留言　➤ 分享

👍 你、法拉第、厄斯特、馬克士威和其他2476人

法拉第 不然來打一架?
　讚　回覆　💬905 125年前

　留言⋯

**勞侖茲** 與彼得·塞曼。
115年前 🌐

我解釋了你提出的效應,為什麼諾貝爾獎還要分你一半＝＝

# 亨德里克・安東・勞侖茲 　(Hendrik Antoon Lorentz)

1853.7.18 - 1928.2.4 　出生於荷蘭

　　勞侖茲曾與賽曼 (Pieter Zeeman) 共同獲得 1902 年諾貝爾物理學獎。勞侖茲主要聞名於電磁學與光學領域，所推展的古典電子理論，在諸多領域上應用層面甚廣。例如：電磁場對於帶電粒子的作用力（也就是勞侖茲力）、介質折射率與其密度的關係（勞侖茲—勞侖次方程式）、光色散理論以及對於一些磁學現象的解釋。這些研究成為後來「狹義相對論」與量子物理的基礎。簡而言之，勞侖茲在熱力學、分子運動學、「廣義相對論」等多重領域都有所貢獻。

　　17 歲的勞侖茲考上了當時荷蘭最古老的大學 —— 萊頓大學，並且結識了馬克士威 (James Clerk Maxwell)。勞侖茲當時的研究重點便是馬克士威的電磁學理論，同時勞侖茲還利用學校的實驗室進行了一系列光學與電磁學研究實驗。1878年，年僅 25 歲的勞侖茲就成為了萊頓大學的理論物理學教授，因為他授課時十分有條理，也樂意對一般民眾進行科普教育，受到了廣大的歡迎。

　　1892 年，勞侖茲進一步解釋自己所提出的電子理論，同時還以之解釋了多種光學現象，其中比較具突破性成就的是他成功解釋了賽曼所提出磁場中出現的譜線分裂現象，也就是「賽曼效應」—— 勞侖茲與賽曼正是因為這個共同成就獲得諾貝爾物理學獎。

# #024 地動儀

動態時報　　牢騷發文

 搜尋人、地點和事物　🔍　　☀一奈米的宇宙　👥 💬 🌐

 **張衡**
陽嘉元年·🌐

好朋友就像是地動儀，
在我熟睡時提醒我，
老師將從東南方走來。

😆 哈　💬 留言　➤ 分享

👍😆 你、司馬相如、班固和其他6254人

老師 OK 明天來換位置了
讚·回覆·👍281·陽嘉元年

小明 白痴你又忘記改觀看權限＝＝
讚·回覆·👍915·陽嘉元年

張衡 沒關係我還發明了渾天儀
讚·回覆·👍331·陽嘉元年

☀ 留言......

## 🙁 關於人生

　　人生總會有幾個過不去的時候，昨天不小心耍廢到深夜，早八又是無聊透頂卻又不能不到的課，我坐在位置上，沒幾秒就失去意識地睡去，還做了一個好長好長的夢。突然有人用力推了我左手臂一下，我立刻驚醒，一抬頭就看到教授散發威嚇的眼神，瞬間睡意全消，心中對一旁的好朋友抱著萬分感激，患難的時候，你就會知道誰是朋友。

## 🔲 一奈米教室

　　地動儀是由青銅所製成，直徑約八尺，儀器周邊八個方位各鑄一隻龍，每隻龍頭正下方都對應著一隻仰著頭、張著嘴的蟾蜍。

　　地動儀中心有一支都柱（都柱在房子裡就是建築中心柱），都柱周圍與儀體相接的八個方向各有一組槓桿機械。若受到地震波的震動影響，導致整個內部機械裝置的平衡受到破壞，都柱就會往地震傳來的方向倒下去，同時觸動該方位的槓桿機械裝置，使得與這組機械裝置相連接的龍頭吐出珠子，進而判斷地震傳來的方向。

f 搜尋人、地點和事物 🔍　　　　一奈米的宇宙

**張衡**
平子

✓朋友 ▼　✓追蹤中 ▼　● 發訊息　…

動態時報　關於　朋友　相片　更多

### 🕙 簡介
- ■ 擔任 尚書
- ■ 擔任 太史
- ■ 擔任 天文學家
- ■ 擔任 地理學家
- ■ 擔任 數學家
- ■ 擔任 科學家
- ■ 擔任 發明家
- ■ 擔任 文學家

### 👥 朋友

司馬相如　揚雄　班固

中文(台灣) English(US) Español
Portugues (Brasil) Francais (France)　＋

隱私政策・使用條款・廣告・Ad Choices・Cookie
更多・
Facebook © 2017

 張衡 😫 覺得GG。
永和三年・🌐

死了...
忘了設定觀看權限，要被皇帝叫回京城了...

👍 讚　💬 留言　➤ 分享
● 你、班固、揚雄和其他2476人

💬 留言

 張衡
永和三年・🌐

身為一個天才，就該知道怎麼用腳趾作畫。

👍 讚　💬 留言　➤ 分享
● 你、漢順帝和其他1693人

👤 漢順帝 ✅ 所以上次你獻上的畫作才會這麼醜==
讚・回覆 👍 1則・4 小時

💬 留言

 張衡
永和二年・🌐

# 張衡

出生於中國（東漢）

　　張衡，字平子，是東漢著名的科學家，同時也是士大夫、天文學家、地理學家、數學家、文學家等。曾擔任太史令、侍中、尚書等官職。

　　張衡在天文學的領域上，主張「渾天說」，認為天空是球狀，還著手改良了前人的設計，製作了第一架渾天儀。渾天儀的天球半露在地平圈上，半隱在地平圈下，天軸則支架在子午圈上，天球可繞天軸自行轉動，與實際天球運動相一致，可預報天體的運動情況。

　　張衡是中國第一個明確指出月食成因的人，他認為月食是因為地球本身的影子遮掩到了月亮而引起，並測量出日、月的視直徑大約等於 0.5 度。張衡也繪製星象圖，曾記錄了高達 124 個星座、2,500 顆星星（包含 320 顆有名字的星星）。

　　130 年，張衡推算出了圓周率為 3.1622，與現今的 3.1415 的約略值已非常接近。

　　132 年，張衡發明並製造了世上第一部驗震器「地動儀」，還發明了機械日曆，改良了漏刻的構造。

　　多才多藝的張衡還是有名的辭賦家，被列入漢賦四大家，可謂是百年難得一見的天才。他的貢獻除了將漢賦推至高峰之外，並將過往用來歌功頌德的長賦轉往發展抒情的小賦，著有〈二京賦〉、〈南都賦〉、〈歸田賦〉等。在繪畫上同

樣也表現出色，並列東漢六大畫家。唐代《歷代名畫記》曾
記載張衡用腳趾畫怪獸以壓伏怪獸的傳說。

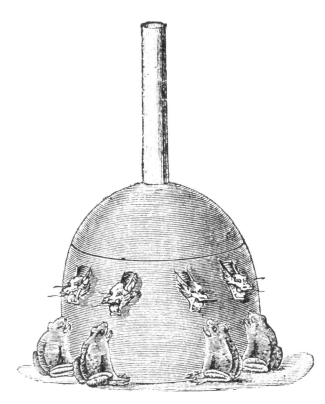

後世對地動儀的想像圖。／維基百科

Chapter 04

# 眷世

我不完美，我很平凡，有時很厭世，但我仍依戀這個世界

# #025 質量守恆

 搜尋人、地點和事物 🔍  一奈米的宇宙

 **拉瓦節** 😄 覺得有信心。
231年前·🌍

## 你的體重就像質量守恆定律一樣，再怎麼減，還是那樣。

👍 讚　💬 留言　➤ 分享

👍 你、湯姆森、拉塞福和其他2736人

**質量守恆** 躺著也中槍
讚·回覆·👍147·231年前

**愛因斯坦** ✔ 想清楚...
讚·回覆·👍8135·231年前

**台灣勞工** 我的房貸，再怎麼還還是那樣...
讚·回覆·👍15·3小時

　　**台灣勞工** 還有車貸...
　　讚·回覆·👍91·3小時

　　**台灣勞工** 中華民國萬可貸
　　讚·回覆·👍131·3小時

## 👤 關於人生

好不容易提起動力去慢跑，踏出每一步卻都覺得我再也跑不動了，今天實在是消耗太多體力了，晚餐一定要多吃一點補回來，於是我吃了一個排骨便當、一碗麵線糊，還有大杯珍珠奶茶。其實世界上有很多事就是質量守恆，像是減肥，再怎麼減，還是那樣。

## 🌀 一奈米教室

質量守恆定律表示，任何一種化學反應，其反應前後的質量總和是不變的。但是，反應在作用時需要在密閉環境下，質量才會相同；若是在開放系統中，反應前後的質量總和有可能不同，例如：反應後產生了氣體，該氣體逸散至大氣中，則反應後的質量總和就會減少。

牛頓力學的「質量守恆定律」，與化學領域的「質量守恆定律」是相同的，都可以稱為「靜止質量守恆定律」，但這個定律在現代物理學體系內不再成立，取而代之的是「運動質量守恆定律」，不會混淆時也簡稱「質量守恆定律」。至於討論核反應前後的質量總和有所不同，就應該使用愛因斯坦提出的「質能守恆定律」。

搜尋人、地點和事物　　　　　　　　　　　一奈米的宇宙

## 拉瓦節
Antoine-Laurent de Lavoisier

✓朋友▼　✓追蹤中▼　●發訊息　…

動態時報　關於　朋友　相片　更多

### 🕐 簡介

🕐 1743年8月26日出生於法國
🎓 就讀 巴黎大學法學院
📋 在法國擔任貴族
📋 在法國擔任稅務官
📝 撰寫《化學基本論述》

### 👤 朋友

---

拉瓦節 😎 覺得有信心。
231年前

蒸餾水已經密封加熱到第91天了，到底水會不會變成土呢？
我是不信

😃 哈　💬 留言　➤ 分享

😊😃 你、拉普拉斯、拉格朗日和其他276人

 皮以耳 朋友，相信四元素說的都是笨蛋。
讚·回覆 ●438 231年前
🔱 拉瓦節 完全同意！
讚·回覆 ●72 231年前
　　回覆

瑪麗·安娜·皮埃爾葉特 老公在家裡用火要注意 ❤
讚·回覆 ●1905 231年前
　　留言

---

拉瓦節 😎 覺得國王要森77了。
230年前

求臉書大神，到底該怎麼提高硝石製備法的效率QQ

👍 讚　💬 留言　➤ 分享

 你、薔塔和其他193人

# 安東萬一洛朗・德・拉瓦節 (Antoine-Laurent de Lavoisier)

1743.8.26 - 1794.5.8　　出生於法國

　　拉瓦節是法國貴族，在當代就是有名的化學家、生物學家，除了命名了氧、氫等元素，甚至還預測了矽的存在，並提出化學命名的方法。第一部現代化的化學教科書《化學基本論述》就是由拉瓦節所編撰。拉瓦節還推翻當時科學家普遍接受的「燃素說」，更正為「氧化說」。拉瓦節對後世影響深遠，被後世尊稱為「近代化學之父」。

　　即使到了 1770 年左右，仍然有一派學者認為只要把水長時間加熱，就會生成出土類的物質（在那個年代，人們普遍相信古希臘提出的「四元素說」）。而拉瓦節為了搞清楚這個問題，將蒸餾水密封加熱了超過一百天，發現確實有少量的固體沉澱在容器底部。他進一步使用天平去測量後，卻發現那些固體的質量恰恰等於容器減少的質量，而水的質量並沒有變化！從此駁斥了水加熱生土的觀點，並提倡與改良定量分析的方法，提出了「質量守恆定律」。

　　近代化學之父拉瓦節其實出生於巴黎的律師家族，家人無不希望他也能成為優秀的律師，於是他在家人的期望之下進入了知名的巴黎大學法學院。儘管如此，拉瓦節仍被自然科學深深吸引，並透過課餘時間不斷學習，在 25 歲時，他成為了當時巴黎科學院的院士。

　　1775 年，路易十六宣布將火藥工業國有化，拉瓦節被派

往巴黎軍火庫進行國有化工作，同時受命設計新的硝石製備方法來提高黑火藥的質量，他的氧化學說研究正好派上用場。

為了統一法國度量衡，瓦節主張採取地球極點到赤道的距離的 1/1,000 萬（約等於一公尺）為長度標準。他還提出以一公斤為質量標準，定密度最大時的一立方分公分水的質量為 1,000 克。

拉瓦節曾任稅務官，當時稅務官可拿到大量收入，因此納稅的民眾、農民對稅務官的仇恨情緒非強烈，最終拉瓦節就在法國大革命期間被定罪處死。

拉瓦節與夫人、助手正進行一連串關於呼吸的實驗。／維基百科

# #026 地心引力

 搜尋人、地點和事物 🔍　一奈米的宇宙　

 **亞里斯多德**
西元前361年 · 🌐

胖子也是有比瘦子還要快的時候：
吃東西的時候，
還有從樓上跳下來的時候。

👍 讚　💬 留言　➤ 分享

👍 你、亞里斯多德和其他21人

**對** 胖子　整天消費我 ＝ ＝
讚 · 回覆 · 👍 323 · 3小時

⇑⇑⇑ 空氣阻力　樓上我對不起你
讚 · 回覆 · 👍 3095 · 122年前

　　亞里斯多德　你誰???
　　讚 · 回覆 · 👍 187 · 3小時

　　回覆......

　留言......

全世界都以為胖子動作很慢，說我們動作慢、走路慢、腦子動得也慢，但其實人們都不知道，上天是公平的，說到吃東西的速度我們絕對不會輸。當然，還有從樓上跳下來的時候，我們可就比瘦子快多了。

### 一奈米教室

地心引力是因地球本身的質量而具有的重力。在忽略空氣阻力的狀況下，地球表面的重力加速度約等於 $9.8m/s^2$，所以在此情況下，一物體自由落下只會受到地球引力而產生加速度運動，落下經一秒後速度為 $9.8m/s$，兩秒後增加為 $19.6m/s$。當時亞里斯多德提出的理論是，質量大的物體會墜落得比質量小的物體還快。然而我們現在已經知道，在真空中讓羽毛和千萬倍重量的鐵球同時落下，兩者會以同樣的加速度加速，並同時接觸到地面，因此亞里斯多德的描述是錯誤的。

搜尋人、地點和事物　　一奈米的宇宙

## 亞里斯多德
Αριστοτέλης

✓朋友　✓追蹤中　發訊息　…

動態時報　關於　朋友　相片　更多

⊙ 簡介

🏛 在 古希臘 擔任 哲學家

📚 擔任 亞歷山大大帝 的老師

👥 朋友

柏拉圖　蘇格拉底　狄奧弗拉斯圖

中文(台灣) English(US) Español
Portugues (Brasil) Français (France)

隱私政策 · 使用條款 · 廣告 · Ad Choices · Cookie
· 更多 ▾
Facebook © 2017

亞里斯多德 💬 覺得有被討厭的勇氣。
西元前361年 · 🌐

我愛我的老師，但我更愛真理。

👍 讚　💬 留言　➤ 分享
👍😊 你、柏拉圖、蘇格拉底和其他276人

柏拉圖 小子 想清楚

讚 回覆 👍438 西元前361年

留言……

亞里斯多德 😵 覺得快整死我了。
西元前359年 · 🌐

物體墜落顯然會加速，到底該怎麼修正理論呢?

👍 讚　💬 留言　➤ 分享
👍 你、柏拉圖和其他193人

# 亞里斯多德 (Αριστοτέλης)

384B.C. - 322.3.7B.C. | 出生於古希臘（馬其頓）

亞里斯多德是古希臘著名的哲學家，師承柏拉圖、祖師蘇格拉底，師徒並稱為希臘三哲人，他同時也是亞歷山大大帝的老師。

亞里斯多德對於多項領域皆有深入研究，舉凡解剖學、天文學、經濟學、胚胎學、地理學、地質學、氣象學、物理學、動物學、倫理學、形上學、心理學、神學、美學、文學、教育學、政治學都在他觀察與研究的範圍之內。而正因為他的研究廣泛又深入，幾乎可說是當時希臘人的移動百科全書。

亞里斯多德對於神學與哲學上的思想影響了伊斯蘭教與猶太教，而在中世紀的基督世界中，他的思想也持續影響著基督教的神學思想，甚至包含天主教教會的學術傳統。

然而，亞里斯多德對於科學的貢獻卻大多是理論性質，而非實際數據。尤其是到了十六世紀以後，科學家們開始利用數學來研究物理科學，過去亞里斯多德的理論立刻被找出非常多的錯誤。他的錯誤主要是因為不知道如何測量質量、速率、力量等，只是用簡單的概念來觀察與推測，或者僅能使用簡單的實驗設備（如：溫度計）。

舉例來說，亞里斯多德認為物體需不斷保持外力的推動才能保持運動。然而牛頓卻推翻了這一說法，牛頓認為：「力

不是保持物體運動的直接原因，力只能改變物體的運動狀態。」

　　亞里斯多德對於物理學的思想從古希臘持續影響到了文藝復興時期，更是中世紀整個學術思想的主流，牛頓的成就雖然取代了亞里斯多德的諸多理論，但亞里斯多德作為古典物理學起頭的貢獻仍不可抹滅。

亞里斯多德與其著名的學生亞歷山大大帝。／iStock

# #027 慣性定律

搜尋人、地點和事物　🔍　　☀ 一奈米的宇宙

**牛頓**
351年前·🌐

> 一顆球習慣滾動後
> 不會自主性的停下來
> 就像一個魯蛇習慣單身後
> 也不會突然交到女朋友

😆 哈　　💬 留言　　➤ 分享

👍😆 你、虎克和其他2417人

☀ 一奈米的宇宙　死心吧! 你會沒有女朋友是因為缺乏外力
讚·回覆·👍427·3小時

## 👤 關於人生

養成一個新的習慣平均需要二十一天的時間，花二十一天習慣早睡早起，花二十一天養成慢跑習慣，也花二十一天熟悉一個人。一旦我們習慣了某些人某些事，我們甚至會把情感加諸在這些慣性上面，讓慣性更加牢固——人果然是嚮往穩定的動物。

## 💡 一奈米教室

慣性定律（即牛頓第一運動定律）指運動中的物體，在不被施加外力或所施加之外力合力為零的狀況下，將繼續維持等速度直線運動；原本呈靜止狀態的物體則繼續維持靜止狀態。這種物體保有其原本運動狀態的性質稱作「慣性」。

舉例來說，一等速飛行的球，若沒受到摩擦力或空氣阻力等外力影響，將永無止盡繼續等速飛行下去；一旋轉中的物體，若無任何其他外力介入，將會無止盡旋轉下去。

f　搜尋人、地點和事物　🔍　　　一奈米的宇宙

艾薩克·牛頓 ⊘
Isaac Newton

✓朋友 ▾　✓追蹤中 ▾　💬發訊息　…

動態時報　關於　朋友　相片　更多

🕐 簡介

🎓 就讀國王中學
🎓 就讀劍橋大學的三一學院
🏛 擔任 倫敦擔任皇家鑄幣廠 監管
🏛 在 皇家學會 擔任 老大
🏛 在英國 擔任 爵士

👥 朋友

虎克　　　惠斯頓蒂德　　埃德蒙·哈雷

安妮女王　尼古拉 法蒂奧
　　　　　丟勒

中文(台灣)　English(US)　Español
Português (Brasil)　Français (France)　＋

隱私政策·使用條款·廣告·Ad Choices·Cookie
·更多·
Facebook © 2017

牛頓 😊 覺得莫名其妙。
351年前·⚙

嘖，批評我做的望遠鏡，還要來回覆我的動態。

👍 讚　💬 留言　↗ 分享
😊 你、安妮女王和其他925人

一奈米的宇宙 很好奇是誰看不到這則貼文XD
讚·回覆·🕐41·3分鐘

留言......

牛頓 😊 覺得討厭蘋果。
351年前·⚙

可惡頭好痛。

😆 哈　💬 留言　↗ 分享
😊 你、虎克和其他155人

虎克 活該 阿阿
讚·回覆·🕐917·351年前

留言......

# 艾薩克 · 牛頓

(Isaac Newton)

1643.1.4 - 1727.3.31    出生於英國（英格蘭）

　　牛頓是重量級物理學家、數學家、天文學家以及煉金術士，他深受著笛卡兒 (René Descartes)、伽利略 (Galileo Galilei)、哥白尼 (Nicolas Copernicus)、波以耳 (Robert Boyle) 的影響。

　　1665 年，牛頓發現了廣義二項式定理，並開始拓展一整套全新的數學理論，也就是後來舉世聞名的微積分學。牛頓與萊布尼茲 (Gottfried Wilhelm Leibniz) 幾乎是在同時間提出了微積分的概念，各自的擁護者為此爭論了數百年，迄今未休。牛頓為了證明廣義二項式定理，提出了「牛頓法」——這是一種尋找方程的近似根的重要方法，現在則廣泛用於電腦程式設計中。

　　1666 年至 1667 年間，倫敦爆發鼠疫，牛頓被迫離開大學回家避難，在這段短暫的時間內他奠定了光學與萬有引力定律的基礎。在光學領域當中，牛頓觀察了光的折射現象，發現稜鏡能將白光中不同的色光分散為彩色光譜，然後可以再透過另外一組透鏡與稜鏡將色光重新組成回白光。基於這樣的觀察，他發展出了一套顏色理論。此外，牛頓也發明了反射望遠鏡，有系統地描述了冷卻定律，還研究音速。

　　1679 年，牛頓重回力學的研究，包括重力與其對行星軌道的作用、克卜勒 (Johannes Kepler) 的行星運動定律等。

牛頓論述動量守恆與角動量守恆原理，並證明了地球上的物體與宇宙天體適用於相同的物理定律，提供太陽中心學說強而有力的證據支持，間接掀起了科學革命。但虎克 (Robert Hooke) 卻因為不認同牛頓對於光學、望遠鏡等研究的看法，兩人因此至終成為死對頭。

牛頓在曠世巨作《自然哲學的數學原理》描述了萬有引力與其知名的牛頓三大運動定律，奠基了此後天文學與力學的基礎，更是現在所有工程學的基本知識，從此牛頓註定被載入史冊。

學術研究之外，牛頓還曾因為擔任皇家鑄幣廠的監管，改善了偽幣問題，促使英國的流通貨幣從銀本位轉移到了金本位，安定了貨幣金融。

1705 年，英國女王安妮 (Anne) 冊封牛頓為爵士。

1727 年 3 月 31 日，牛頓在倫敦與世長辭，並長眠西敏寺，是英國史上第一個獲得國葬的科學家。

牛頓在國王中學窗臺所留下的簽名。／維基百科

# #028 原子模型

 搜尋人、地點和事物　　Ｑ　　 一奈米的宇宙　

 **拉塞福** 🍴 在吃空氣。
108年前 🌐

原子的密度跟便利商店的洋芋片一樣，
內部的空間大部分是空無一物的。

😠 怒　💬 留言　➤ 分享

👍😮 你、查兌克和其他1975人

 **勒仕** @多莉多滋 @卡迪納 @品克　**開戰!!!**
讚·回覆·👍978·5小時

　　 **品克** 不然現在是怎樣?
　　讚·回覆·👍94·3小時

　　**奧瑞奧** 轉一轉、舔一舔，再泡一泡牛奶！
　　讚·回覆·👍67·2小時

　　✳ 回覆……

 **查兌克** 餓了……
讚·回覆·👍114·108年前

✳ 留言……

## 🧑 關於人生

心血來潮約了幾個好朋友晚上小酌幾杯，酒局一定少不了幾包洋芋片來跟酒精完美搭配。拿了兩手啤酒，加上幾包洋芋片，想說應該夠下酒了，回家坐定後打開一包洋芋片，我徹底傻了，只見幾片洋芋片零落在最底層，整包幾乎是空的……

## 💻 一奈米教室

拉塞福的原子模型指出在一個原子之中，所有帶正電的粒子都集中在原子中心很小的區域裡，該區域也就是「原子核」，且一原子所帶有的質量絕大部分都聚集在原子核。

上述是拉塞福經由「以 α 粒子撞擊金箔的散射實驗」所得到的結論，他所採用的金箔厚度僅有幾個原子，實驗結果發現，大約每八千個 α 粒子撞擊該金箔的過程中，就會出現一個大角度散射，而其他粒子則會以直線直接穿越金箔。拉塞福因此斷定：一原子大多數的質量和正電荷都集中在非常小的區域中，原子內部大多的空間都是空無一物。

## 歐尼斯特·拉塞福
Ernest Rutherford

✓朋友▾　✓追蹤中▾　💬發訊息　⋯

動態時報　關於　朋友　相片　更多

🕙 簡介

- 擔任了 皇家學會會長
- 難民學者協助理事會 主席

👥 朋友

約瑟夫·湯姆森　　詹姆斯·查兒克　　約翰·考克饒夫

歐內斯特·　　波耳　　哈恩
沃爾頓

中文(台灣)　English(US)　Español
Português (Brasil)　Français (France)　　＋

拉塞福
108年前 🌐

有個餅乾廠商一直到我的留言串打廣告＝＝

👍讚　💬留言　➢分享

😊 你、查兒克和其他309人

奧利奧　轉一轉、舔一舔、再泡一泡牛奶！
讚　回覆　🕙49　108年前

 留言......

拉塞福 😣 覺得GG。
108年前 🌐

好幾家餅乾廠商同時告我......

👍讚　💬留言　➢分享

😊 你、奧利奧和其他129人

奧利奧　轉一轉、舔一舔、再泡一泡牛奶！
讚　回覆　🕙33　108年前

留言......

# 歐尼斯特・拉塞福 (Ernest Rutherford)

1871.8.30 - 1937.10.19　出生於紐西蘭（英國殖民地）

　　拉塞福雖然出生於紐西蘭，但在拿到獎學金之後搬到英國就讀劍橋大學，其成就使他被譽為「原子核物理學之父」。

　　拉塞福在博士生時的指導老師是湯姆森 (J. J. Thomson)，也就是電子的發現者，在他們研究物質放射性的期間，拉塞福命名了兩種射線：α 射線及 β 射線，再經實驗測定後發現 β 射線其實就是具有強穿透力的高速電子，更證明放射性其實就是源自於原子的自然衰變。而 α 射線其實本身就是氦的原子核。這些貢獻之後讓拉塞福榮獲 1908 年諾貝爾化學獎。

　　1898 年，拉塞福在加拿大做實驗的過程中，意外發現了放射性物質的半衰期與其相關應用，並證實放射性元素會導致單一元素轉變成另外一個元素。

　　1907 年，拉塞福搬回英國，他所領導的研究團隊在 α 粒子撞擊金箔的散射實驗中，發現帶正電的粒子都相當集中在原子中一處很小的區域裡面，而且這區域同時還是原子質量大部分集中的地方（後來稱之為「原子核」），於是拉塞福便提出了「拉塞福原子模型」，成功解釋了原子的模樣。此外，拉塞福也成功在氮與 α 粒子的核反應中將原子分裂，並發現了質子。

　　喜愛春風化雨的拉塞福，門下知名學生不計其數，也先後獲得多次諾貝爾獎，為師門增光：詹姆斯・查兌克 (James

Chadwick) 發現了中子，約翰‧考克饒夫 (John Douglas Cockcroft) 和歐內斯特‧沃爾頓 (Ernest Thomas Sinton Walton) 完成了利用粒子加速器分裂原子的實驗，而愛德華‧阿普爾頓 (Edward Appleton) 則證明了電子層的存在。

　　拉塞福在 1925 年獲得英國政府頒發功績勳章，還被冊封為男爵。然而拉塞福本身有輕微疝氣，卻沒有積極治療，最後惡化成腸梗阻，不幸於 1937 年過世。死後被葬在對科學家來說是最高榮譽的西敏寺，與牛頓等偉大科學家並列。

　　美國原子能委員會的標誌
即源自拉塞福原子模型。／維基百科

# #029 離心力

動態時報　牢騷發文

 搜尋人·地點和事物　🔍　☀一奈米的宇宙　👥　💬⁴　🌐¹⁴

 **惠更斯**
351年前·🌐

一股名為長大的離心力，
把小時候的我越甩越遠。

👍讚　💬留言　➤分享

👍 你、虎克、牛頓和其他211人

牛頓 想像力豐富？
讚·回覆·👍538·351年前

　惠更斯 我提出的你有種別用！
　讚·回覆·👍91·351年前

　牛頓 兇屁兇......
　讚·回覆·👍431·351年前

　回覆......

 留言......

## 關於人生

　　我永遠記得赤腳踏在泥土上，微風吹來微微的稻香，什麼也不用煩惱的小時候。後來書包越來越重，待在學校的時間越來越長，雖然學會了很多新的知識，但是小時候也離我越來越遠。很多時候我還是會想起泥土的觸感，無論過了多久，童年是永遠不會離開一個人的。

## 一奈米教室

　　離心力屬於一種慣性力，它會使旋轉中的物體感受到遠離旋轉中心的力。離心力在牛頓力學裡，曾被用來表述在非慣性參考座標（如：旋轉參考座標）下觀測到的慣性力，也曾被表述成與向心力互為作用力與反作用力。

　　但事實上離心力並非真實存在。在非慣性參考座標裡，必須引入離心力這個假想力，牛頓運動定律才能被使用，而在慣性參考座標中則沒有離心力。

f　搜尋人・地點和事物　🔍　　　　　　※ 一奈米的宇宙

克里斯蒂安·惠更斯
Christiaan Huygens

✓朋友 ▾　✓追蹤中 ▾　● 發訊息　⋯

動態時報　關於　朋友　相片　更多

🕐 簡介

- ■ 擔任 英國皇家學會 會員
- 🏛 擔任 荷蘭科學院 院士
- 🏛 擔任 法國皇家科學院 院士

👥 朋友

路易十四

萊布尼茲

艾薩克·牛頓

布萊茲·帕斯卡

羅伯特·虎克

中文(台灣)　English(US)　Español　　　　　＋
Português (Brasil)　Français (France)

隱私政策・使用條款・廣告・Ad Choices・Cookie
・更多▾
Facebook © 2017

惠更斯 跟虎克。
351 年前

不給牛頓一點顏色瞧瞧，
竟把老子當病貓？

👍 讚　💬 留言　➤ 分享

❤ 你、拉普拉斯、拉格朗日和其他276人

　虎克 白癡微粒說
　　讚　回覆　👍328　351年前

　　牛頓 白癡波動說
　　　讚　回覆　👍9487　117年前

　　愛因斯坦 ◎ 都別爭了，在座的各位都是白癡
　　　讚　回覆　👍19 萬　18年前

# 克里斯蒂安 · 惠更斯　(Christiaan Huygens)

1629.4.14 - 1695.7.8　　出生於荷蘭

惠更斯小時候先是跟隨父親學習，長大後進入萊頓大學學習法律與數學。

笛卡兒曾經擔任過惠更斯的老師，惠更斯也在笛卡兒的指導下於 1651 年發表了第一篇論文，主題是計算曲線所圍繞區域之面積，是後來微積分的起源之一。後來惠更斯指導過萊布尼茲學習數學，與牛頓等人也有往來。

為了方便觀測，惠更斯親自發明了惠更斯目鏡，並改良當時透鏡使用的效率。1655 年，惠更斯發現土星環，並利用自製的折射望遠鏡發現了土星的著名衛星——土衛六，還有獵戶座大星雲，並將之記錄下來。

在力學領域上，惠更斯則延續伽利略的觀察，提出鐘擺運動的公式，並於 1656 年設計並製造出取代重力齒輪的擺鐘。他也證明在完全彈性碰撞中的動量守恆。

對於數學，惠更斯受到帕斯卡 (Blaise Pascal) 的鼓勵，在 1657 年發表了《論賭博中的計算》，可視為機率學的先河。惠更斯同時對於二次曲線、複雜曲線與平面曲線都有所研究，也提出了旋輪線就是最速降線等概念。

1666 年，惠更斯在路易十四的邀請之下成為皇家科學院院士，他也利用當院士的機會，在巴黎天文臺建造好之後，進行一連串天文觀測。

在物理學領域，惠更斯提出了光的波動說，與當時牛頓主張的粒子說相互衝突，雙方爭執不下，鬧得不可開交。但後來近代的科學家證實光其實具有波粒二重性，因此兩個人實際上都沒有錯。此外，他更在《光論》一書中提出了惠更斯原理，認為波前的每一個點都可以視為能產生球面次級波的點波源，而我們所觀察到的波前，就是這些次級波的包絡。

　　1684 年，惠更斯公開他自己新發明的「空中望遠鏡」，並宣稱有外星生命的存在，甚至在過世前努力寫書留下他對外星生物的想法。

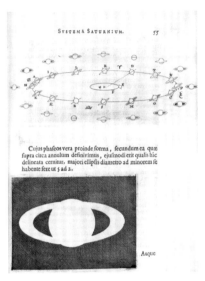

惠更斯對土星的觀察紀錄。／維基百科

# #030 大陸漂移學說

 搜尋人、地點和事物　🔍　　一奈米的宇宙　

 **韋格納**
102年前·🌐

肚子就像板塊,
只不過板塊是漂移得越來越分散,
肚子則是漂移得越來越團結。

😆 哈　💬 留言　➤ 分享

👍😆 你、韋格納、彼得·柯本和其35人

彼得·柯本 有些人出生後就沒分散過,像是我
讚·回覆·👍 39·102年前

約翰希南 YOU CAN SEE ME NOW!
讚·回覆·👍 1314·3小時

　　👤 韋格納 EXCUSE ME?
　　讚·回覆·👍 347·3小時

　　　回覆......

 留言......

## 👤 關於人生

想當年我的人生也是意氣風發過的，不要說什麼板塊，我可是有貨真價實的六塊肌，誰知道過了中年，那些宵夜吃的鹽酥雞，和客戶應酬喝的啤酒，全都回過頭來累積成現在肚皮上消不去的肥肉。歲月在我臉上沒留下什麼痕跡，倒是深刻地留在我的肚皮上了。

## 🔲 一奈米教室

大陸漂移學說最初由十六世紀末的地理學家亞伯拉罕・奧特柳斯 (Abraham Ortelius) 提出，後來德國科學家韋格納在 1912 年加以闡述。該學說認為遠古時代的地球只有一塊「泛古陸」（或稱盤古大陸）的龐大陸地，被稱為「泛大洋」的水域包圍，大約於兩億年前，該大陸開始破裂，到距今約兩、三百萬年以前形成現在七大洲和五大洋的基本地貌。

值得一提的是「大陸漂移學說」與「板塊構造學說」有著根本的不同，前者假設推動力是潮汐，後者是假想地函出現對流而拖動板塊。

動態時報 牢騷發文

搜尋人、地點和事物

一奈米的宇宙

阿爾弗雷德·韋格納

Alfred Lothar Wegener

✓朋友 ✓追蹤中 發訊息 …

動態時報 關於 朋友 相片 更多

**簡介**

- 在德國擔任 地質學家
- 曾就讀 柏林洪堡大學
- 在全世界擔任 探險家

**朋友**

中文(台灣) · English(US) · Espanol · Portugues (Brasil) · Francais (France) +

隱私政策 - 使用條款 - 廣告 - Ad Choices - Cookie - 更多 ▾

Facebook © 2017

**韋格納** 覺得神奇。

104年前 ·

非洲的西邊和南美洲的東邊竟然可以完美的接在一起

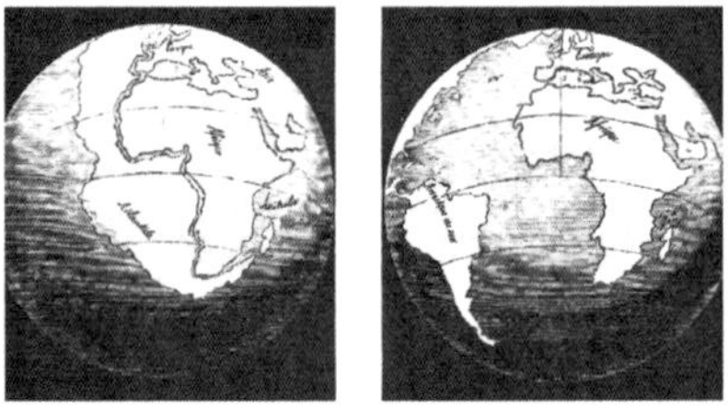

讚 留言 分享

你、喬治·辛普森和其他19人

喬治·辛普森 無聊

讚 · 回覆 · 8 · 3小時

留言……

**韋格納** 在格陵蘭。

105年前 ·

人生就該充滿驚奇與冒險！

# 阿爾弗雷德・韋格納 (Alfred Lothar Wegener)

1880.11.1 - 1930.11.2　　出生於德國

　　韋格納畢業於德國的柏林洪堡大學，畢業後擔任過航空氣象臺助理。早年韋格納喜歡研究天文學與氣象學，他率先利用氣象探測球來追蹤空氣中溼度、溫度的變化，後來也因此在 1908 年擔任馬爾堡大學的氣象學、天文學講師。

　　在馬爾堡大學這段時間，韋格納發現到非洲大陸西岸與南美洲東岸海岸線有驚人的互補性，經過一番研究後，他推測非洲大陸原本與南美洲相連，於是他把自己的觀察與理論，於 1915 年寫成《陸與海的起源》。

　　1926 年 11 月，韋格納在紐約一場地質研討會中提出了大陸漂移理論，並提供許多強而有力的證據來佐證他的看法，但在那個年代，大陸漂移的機制尚無法說服當時絕大多數地科專家與地質學家，因此遭到眾人批評與嘲笑。當時影響力很大的科學家喬治・辛普森 (George Gaylord Simpson) 甚至還特別寫了文章大力抨擊韋格納，導致韋格納的理論在整個美國學術圈無法立足。

　　但韋格納並沒有放棄自己的理論，為了追求更多的證據，他四度前往格陵蘭進行極地探勘，研究上層極地的大氣與冰河。然而在 1930 年他第四次的冒險中，不幸發生意外身亡，年僅 50 歲。

　　這位偉大科學家的理論直到他死後才被眾人所接受。

# #031 蒸汽機

f 搜尋人、地點和事物 🔍　　☀ 一奈米的宇宙　👥 🔁¹ 🌐¹⁹

**瓦特**
254年前·🌐

> 我們都是小小的螺絲釘，
> 卻能夠一起完成一件很小的大事；
> 就像水蒸氣一樣，
> 聚在一起就能推動火車。

👍 讚　💬 留言　➤ 分享

👍 你、約瑟夫·布萊克和其他3312人

H2O 整天壓榨我們QQ
讚·回覆·👍438·254年前

　　瓦特 哈哈 瓦特壓榨water
　　讚·回覆·👍732·254年前

## 🧑 關於人生

寫這本書的時候，腦子經常冒出很多以前從未有過的念頭，我們並不是成績多優秀的學生，我們可能只是比別人多了一點傻勁，想到有趣的點子就一頭熱地往前衝了。更重要的是，這個團隊少了任何一個人都不會完整。你我原本都只是一個人，但是現在，我們一起完成了這件很小的大事。

## 🏫 一奈米教室

蒸汽機是一種將水蒸氣的動能轉為功的動力機械，曾用以驅動泵、火車頭和輪船，現在的核能發電及火力發電仍使用蒸汽渦輪發動機來將熱能轉換為電能。

和最初的蒸汽機相比，現在蒸汽機的轉換效率提升許多，幾乎可以把燃料的所有熱能轉化為機械能，而且也不像內燃機那樣對燃料很挑剔。值得一提的是，如果沒有蒸汽機的發明，我們將無法利用原子能，因為原子反應爐並不會直接產生機械能、電能，它的原理是把水加熱，一直到沸騰後產生水蒸氣，再利用這些水蒸氣通過蒸汽機轉化成有用的功。

f ｜ 搜尋人、地點和事物　🔍 ｜ 一奈米的宇宙

## 詹姆斯·瓦特
James von Breda Watt

✓朋友 ▾　✓追蹤中 ▾　● 發訊息　⋯

動態時報　關於　朋友　相片　更多

### 🌐 簡介

🕐 在 月光社 擔任一員

🏠 就讀 格拉斯哥大學

🖥 在 格拉斯哥大學 經營 修理店

🖥 自然神論者

### 👥 朋友

約瑟夫·布萊克　約翰·羅比遜　馬修·得爾頓

中文(台灣) · English(US) · Espanol
Portugues (Brasil) · Francais (France)　　＋

隱私政策 · 使用條款 · 廣告 · Ad Choices · Cookie
· 更多 ▾
Facebook © 2017

　瓦特 😎 覺得驕傲。
254年前 · 🌐

自己的名字被當作「功率」的國際標準單位，
超屌的。

👍 讚　💬 留言　➤ 分享

😊 你、伏特、安培和其他6276人

伏特 還好吧？
讚 · 回覆 · ○ 4138 · 238年前

安培 我是覺得沒什麼特別啦。
讚 · 回覆 · ○ 2414 · 217年前

歐姆 摁？這很輕鬆阿⋯
讚 · 回覆 · ○ 3321 · 204年前

 留言⋯⋯

　瓦特 在 我與我的蒸汽機 相簿中新增1張照片。
254年前 · 🌐

# 詹姆斯・馮・布雷達・瓦特 (James von Breda Watt)

1736.1.19 - 1819.8.19　　出生於英國

　　發明家瓦特從小體弱多病，因此缺席了大多數的課，但他還是在母親的教導之下展現出驚人的天賦。透過不斷動手製作小東西與數學上的優異天分，瓦特年輕時便已經小有成就。瓦特的心思細膩，做起事來慢條斯理，然而想像力豐富的他卻總能在面對問題的時候，想出非常有創意的點子來解決或改良現有的方法，尤其是在機械上。

　　瓦特曾經在倫敦的儀錶修理工廠擔任學徒，打算之後回到蘇格蘭格拉斯哥 (Glasgow) 開設屬於自己的小修理店，然而卻因為工作經驗不足而被拒絕了。但天無絕人之路，格拉斯哥大學的教授認為瓦特很有潛力，便力邀瓦特在大學校內開設維修店，除了讓瓦特累積不少實戰經驗外，也讓瓦特走出了困境。後來讓瓦特聞名於世的改良版蒸汽機就是在這間小店所製造出來。

　　瓦特並不是世界上第一個發明蒸汽機的人，然而瓦特改良後的蒸汽機，分離了冷凝器，使冷凝器的效率大幅提升，才讓蒸汽機的使用效率獲得改善。

　　瓦特後來陸陸續續發明或改良了許多工作方法與機械，諸如：望遠鏡測距法、透印印刷術、機械圖紙著色法、油燈、蒸氣輾壓機等，可說是名符其實的偉大發明家。

Chapter 05

# 迷眩

在這個真真假假的世界裡，我慢慢迷失了自己

# #032 X-ray

 搜尋人、地點和事物 🔍　　 一奈米的宇宙　

 **倫琴**
122年前 · 🌍

小時候總覺得爸媽的眼睛會放出X-ray，
心裡在想什麼都被透視的一清二楚。

😆 哈　💬 留言　➤ 分享

👍😆 你、赫茲、萊納德和其他154人

> **安娜** 所以老公你到底讓我的手去照了什麼東西？
> 讚 · 回覆 · 👍49 · 122年前
>
> > **倫琴** 額，老婆，你今晚想看電影嗎？🖤
> > 讚 · 回覆 · 👍16 · 122年前
> >
> >  回覆......

> **萊納德** 樓上QQ
> 讚 · 回覆 · 👍15 · 122年前
>
> > **倫琴** 你B嘴
> > 讚 · 回覆 · 👍7 · 122年前
> >
> > **安娜** 老公？
> > 讚 · 回覆 · 👍66 · 122年前

## 👤 關於人生

　　有點心虛地叫了一聲「媽！」媽轉身看了我一眼，彷彿早就知道我做了什麼好事一樣，我都還來不及開口，她就說：「成績單應該寄來了吧？」「嗯……」我只能萬般不願意地把我藏在背後的那張紙遞給她。

## 💻 一奈米教室

　　X 光是一種帶有強能量的電磁輻射（電磁波），其波長範圍為 0.01nm（奈米）到 10nm。若加速的電子在撞擊金屬靶過程中減速，所失去的動能會以光子形式放出，產生 X 射線。X 射線也可透過由同步加速器或自由電子雷射產生。

　　醫學上最廣泛使用的 X 光探測技術，是利用 X 射線會穿過人體內軟組織的性質，將相片底片置於欲檢測部位後方，使 X 射線穿過後照射到底片上，並在底片顯影後呈現黑色；相反地，X 射線無法穿過的硬組織（如：骨頭），則於底片顯影後顯示成白色。

f　搜尋人、地點和事物　🔍　　　☀ 一奈米的宇宙　👥　🔁³　🌐²⁷

威廉·倫琴
Wilhelm Conrad Röntgen

✓朋友 ▾　✓追蹤中 ▾　💬發訊息　···

動態時報　關於　朋友　相片　更多

🕐 簡介

🏛 擔任 維爾茨堡大學校長
🏛 擔任 慕尼黑物理研究所所長
🎓 獲 蘇黎世大學 物理學博士學位
🏅 獲 巴納德獎章

👥 朋友

赫茲　　希托夫　　克魯克斯

特斯拉　　萊納德

中文(台灣)　English(US)　Español
Portugues (Brasil)　Francais (France)
　　　　　　　　　　　　　　+
隱私政策 · 使用條款 · 廣告 · Ad Choices · Cookie
更多 ·
Facebook © 2017

倫琴 😰 覺得嚇壞了。
122年前 · 🌐

為什麼實驗紙板上都會出現奇怪的螢光……

👍 讚　💬 留言　➤ 分享
👍😮 你、赫茲、特斯拉和其他313人

 留言……

倫琴 😳 覺得愧疚。
117年前 · 🌐

我實在很膽小……
只好一直用老婆的手去測試那個奇怪的X射線

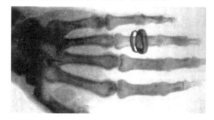

# 威廉・康拉德・倫琴　(Wilhelm Conrad Röntgen)

1845.3.27 - 1923.2.10　　　出生於德國

　　倫琴雖生於德國，從小卻在荷蘭長大，接受荷蘭的基本教育，並於 1865 年在蘇黎世聯邦理工學院學習機械工程，但因為他後來比較喜歡科學研究，遂轉而鑽研物理學。1869 年，倫琴以一篇關於氣體的研究獲得蘇黎世大學的博士學位。之後十幾年內，倫琴先後任教於史特拉斯堡大學、符茲堡大學，並擔任後者的物理系系主任與校長，以及慕尼黑大學物理研究所所長。

　　倫琴所發現的 X 射線，其實是在 1895 年於符茲堡大學時意外所得。當時倫琴的研究題目是利用不同的真空管放電產生的陰極射線照射化學物質後的發光現象。倫琴在真空管內放入一張開過小洞的鋁片，目的是讓陰極射線能夠通過，但為了延長鋁片使用的壽命，他在鋁片貼上塗了氰亞鉑酸鋇的螢光物質的小紙板來保護鋁片。實驗結束後，倫琴發現這些小紙板竟然會發出螢光，然而當時他以為是陰極射線讓小紙板發光而已。

　　接下來倫琴更換另外一支真空管想重複實驗的時候，卻有了意外發現。倫琴同樣將氰亞鉑酸鋇塗在小紙板上面，用黑色的紙把真空管包起來，等到要把室內的燈關掉來檢查真空管是否漏光時，在他身後大約一公尺左右的紙板竟然發出了螢光。要知道，陰極射線（其實就是電子流）會在空氣中

被散射掉，基本上紙板會發出螢光不可能是因為陰極射線，也就是說當時勢必存在第二種未知的射線。倫琴反覆測試了相同的實驗之後，轉而展開對該未知射線的研究，之後於維爾茲堡大學醫學物理學會會刊上正式發表結論，將這種未知的射線稱之為「X 射線」。有趣的是，倫琴發表論文時曾附上一張他老婆手骨的照片，這是因為倫琴不知道 X 射線對人體有沒有危害，所以才先用老婆的手去拍攝 X 光照片。

這個貢獻讓倫琴在 1901 年獲得首屆諾貝爾物理學獎，倫琴則將所有的獎金捐獻給符茲堡大學作為發展科學的經費。

1923 年，倫琴因為大腸癌而去世，留下他所發現的 X 光繼續造福後世的人們。

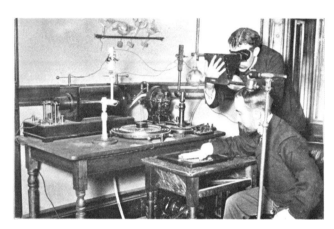

十九世紀末X射線剛開始獲得應用，當時還不知道其危害風險，
檢查者與受檢查者都未採取預防措施。／維基百科

# #033 槓桿原理

 搜尋人、地點和事物　🔍　 一奈米的宇宙　

 **阿基米德**
西元前287年·🌏

在槓桿原理中，
花費時間的省力，花費力氣的省時；
但在現實世界裡，
花錢的人省力又省時。

👍 讚　💬 留言　➤ 分享

 你、歐幾里得和其他925人

 **將軍馬克盧斯** 天啊！拜託別再把我們的軍艦吊到半空了 💀
　　讚·回覆·👍168·西元前287年

　　 **阿基米德** 這是羅馬艦隊和我一人的戰爭
　　　　讚·回覆·👍727·西元前287年

　　☀ 回覆……

 **地球** 全世界都以為你真能把我舉起來，
　　你馬解釋一下，這樣我很沒面子
　　讚·回覆·👍105·西元前287年

　　 **阿基米德** 好啦，其實沒有地球的重力我也沒輒
　　　　讚·回覆·👍915·西元前287年

## 🧑 關於人生

上天也許是公平的，祂總會給你留一道門或一扇窗。但是現實世界的確是不公平的，唸書的時候總要在成績單上跟同學比較，出了社會後就必須為了名利你爭我奪，有些時候甚至會發現，那些你努力很久好不容易得到的東西，別人可以不費任何力氣就能得到。

## 🔬 一奈米教室

槓桿是一種簡單的機械裝置，一般使用槓桿的目的是為了將輸入力放大，給出較大的輸出力。

最常見的是第一類槓桿，即施力與抗力分別在支點的兩邊，若施力臂（施力點到支點的距離）大於抗力臂（抗力點到支點的距離），則可用較小的施力去平衡較大的抗力，即達到放大施力的效果。槓桿原理表明，當達到靜力平衡時，施力乘以施力臂等於抗力乘以抗力臂：$F_1D_1=F_2D_2$。

如果以較小的施力搭配較長的施力臂，即可將此施力放大，但省力的代價就是若要將槓桿完全抬起，則需耗費更多的時間。在第一類槓桿中，若槓桿的施力臂大於抗力臂，就是一種省力但費時的裝置；若槓桿的抗力臂大於施力臂，就是一種省時但費力的裝置。

f　搜尋人、地點和事物　🔍　　　一奈米的宇宙　👥 💬 🌐

阿基米德
Αρχιμήδης

✓朋友▼　✓追蹤中▼　◎發訊息　⋯

動態時報　關於　朋友　相片　更多

🔅 簡介

🕐 出生於 西西里島

🏛 在古希臘 擔任 發明家

👥 朋友

📷 相片

 阿基米德
西元前287年・🌐

我發現了！我發現了！我發現了！

👍讚　💬留言　➤分享

🔴 你、歐幾里得和其他976人

希倫二世 Ki笑膩?
讚・回覆・👍214・西元前287年

金匠 GG
讚・回覆・👍2051・西元前287年

留言......

 阿基米德 😐 覺得弱。
西元前287年・🌐

地球我都舉得起來，羅馬軍艦算什麼。

👍讚　💬留言　➤分享

🔵🔴 你、歐幾里得和其他393人

留言......

# 阿基米德 (Άρχιμήδης)

287B.C. - 212B.C.　出生於古希臘

　　阿基米德與亞里斯多德一樣，都是古希臘的著名科學家，他出生於西西里島，同時身兼數學家、物理學家、發明家、工程師、天文學家等多重身分，相當多才多藝。

　　阿基米德小時候就深受父親影響，學習天文學與數學，而他的父親在阿基米德9歲時就送他到埃及的亞歷山大城 (Alexandria) 唸書學習。阿基米德從小就在這座擁有許多偉大數學家（包含幾何學之父歐幾里得等）的城市中學習，也為日後阿基米德鑽研科學的嚴謹態度與數學技巧打下良好的基礎。阿基米德是不折不扣的工作狂，住處到處都是他隨手記上的數字或方程式，還有各種幾何圖形，牆壁也成為了他的計算紙，有時候阿基米德還會忙著研究而忘記吃飯。

　　據傳當時的國王曾經出了一道難題來刁難阿基米德，也就是大家耳熟能詳的真假皇冠問題。國王當時聘請工匠打造一頂純金王冠，卻又擔心工匠偷工減料，在王冠中摻雜其他金屬，但擔心歸擔心，卻不能夠將王冠毀壞後再檢驗，於是國王便將這個難題交給當時被稱之為「難不倒的人」阿基米德。阿基米德苦思多日，直到有天在洗澡的時候，發現浴池中的水位會因為自己在水中的體積變化而上升／下降，突然靈光一閃，他想到：上升的水位應該會等同於王冠的體積，所以只要拿跟王冠等重的黃金，比較其中水位的落差，就能

夠判斷出王冠是否是純金，或是含有其他雜質（不同的金屬密度並不相同）。這個觀察正是後來浮力理論的前身，阿基米德在後來的著作《浮體論》有更進一步的闡述：「物體在浮體中所受的浮力，等於物體所排開浮體的重量。」

當時人們在日常生活中已經會利用一些簡單的機械裝置，舉凡螺絲、斜面、齒輪、槓桿、車輪等等都是，阿基米德對於基礎機械貢獻良多，舉世知名的槓桿原理、力矩也都出自於這個時期。

考古學者認為，在四千五百多年前的古埃及，工人就是使用槓桿來移動、抬舉重量超過一百英噸的石塊以建造金字塔。阿基米德也根據槓桿原理留下了一句名言：「給我一個支點，我就可以撬動整個地球。」

然而對阿基米德來說，機械與物理上的發明只是次要的，他真正的熱情還是投注在數學與天文學上。阿基米德喜歡純理論的探究，在數學方面，他就利用逼近的方式來計算球的表面積、體積，後世其他數學家據此延伸，發展成為了近代的微積分。

阿基米德的死相當有戲劇性。他死於希臘與羅馬的戰爭當中。當時他正在計算一道數學難題，卻被沒耐心的羅馬士兵一刀砍死。

阿基米德對於古希臘的數學與物理學的影響非常深

遠，被視為古世紀最傑出的科學家，更與牛頓、高斯 (Carl Friedrich Gauss) 並列史上最偉大的三位數學家。

# #034 同素異形體

 搜尋人、地點和事物　🔍　　 一奈米的宇宙　

 克羅托
2年前·🌐

擦布、橡皮擦、擦子、呼阿、七辣其實是同素異形體，
聽起來好像很不一樣，但實際上還是同一個東西。

😄 哈　💬 留言　➤ 分享

👍😆 你、北方代表、南方代表和其他7141人

北　北方代表　車站我們叫北車
　　讚·回覆·👍1318·3小時

　　南　南方代表　我們都叫高火。
　　　　讚·回覆·👍3387·2小時

　　北　北方代表　不是雄車？
　　　　讚·回覆·👍874·2小時

　　南　南方代表　你才北火，你全家都北火
　　　　讚·回覆·👍272·1小時

　　 回覆......

 留言......

## 🧑 關於人生

在妳遇到危險的時候奮不顧身保護妳，在妳傷心難過的時候借妳肩膀，在妳笑的時候我也跟著開心，妳就是一個這樣特別的存在，我想用盡全力讓妳永遠可以自在地大哭大笑，無論我做了些什麼，用相同或不同的方式，所有一切的本質都是愛。

## 🏫 一奈米教室

同素異形體是指由一樣的單一化學元素所構成，但性質卻不相同的兩種（或以上）的化學物質，彼此間的差異主要體現在物理性質（如：顏色、硬度）上，化學性質上則有活性的差別。

常見的同素異形體有同樣由碳 (C) 所構成的鑽石、石墨、奈米碳管及碳-60，同樣都是由磷 (P) 所構成的紅磷、黃磷、黑磷和紫磷，同樣都是由氧 (O) 所構成的氧氣和臭氧，還有同樣由硫 (S) 所構成的單斜硫和斜方硫。

f　搜尋人、地點和事物　🔍　　※一奈米的宇宙　👥　🌀¹⁰　🌐⁷

**哈羅德·沃特·克羅托**
Harold Walter Kroto
✓朋友▾　✓追蹤中▾　◎發訊息　⋯

動態時報　關於　朋友　相片　更多

### ⊙ 簡介

- 🕐 出生於 英國
- 🚗 發現 超猛同素異形體
- 🏛 獲得1996年 諾貝爾化學獎

### 👥 朋友

羅伯特·柯爾　理察·斯莫利

中文(台灣)　English(US)　Espanol
Portugues (Brasil)　Francais (France)　＋

隱私政策 · 使用條款 · 廣告 · Ad Choices · Cookie
· 更多▾
Facebook © 2017

---

 克羅托
22年前 · 🌐

石墨、鑽石、富勒烯都是同素異形體，
但可以的話，還是給我鑽石好了。

👍讚　💬留言　➤分享

🕐 你、理察·斯莫利和其他712人

💬 留言......

---

 克羅托 😲 覺得驚恐。
22年前 · 🌐

我在顯微鏡底下看到足球啦！！！

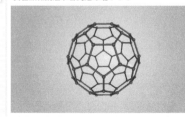

# 哈羅德・沃特・克羅托 (Harold Walter Kroto)

1939.10.7 - 2016.4.30    出生於英國

　　克羅托雖是英國化學家，他的父母卻是在德國柏林出生的猶太人。在那個猶太人被納粹德國迫害的年代，克羅托的雙親被迫流亡到英國，生下克羅托。

　　1985 年，已經成為化學博士的克羅托和美國科學家斯莫利 (Richard Errett Smalley)、柯爾 (Robert Floyd Curl) 於萊斯大學實驗在氦氣流中以雷射汽化蒸發石墨，首次製得由六十個碳組成的碳原子簇結構分子 $C_{60}$，也就是石墨與鑽石的同素異形體——富勒烯。之所以取名為富勒烯是因為它與知名建築師巴克明斯特・富勒 (Richard Buckminster Fuller) 的建築作品相似，故而向他致敬。富勒烯同時也被稱之為巴克球。克羅托、柯爾和斯莫利因此獲得了 1996 年諾貝爾化學獎。

　　在富勒烯被發明以前，碳的同素異形體只有石墨、鑽石、無定型碳（如：炭），富勒烯的出現除了拓展了碳同素異形體的數目，富勒烯獨特的化學與物理性質以及數不完的潛在應用，更強烈引起了科學家的研究興趣。不管是在材料科學、生物醫學、電子學、奈米科學等領域上面，富勒烯都有極高的應用潛力。

# #035 勒沙特列原理

 搜尋人、地點和事物　　　　　　一奈米的宇宙　

 **勒沙特列**
109年前·

逼小孩子念書其實符合勒沙特列原理，
當你強塞太多東西的時候，反而會有反效果。

😮 哇　💬 留言　➤ 分享

👍👍😮 你、徐薇、何嘉仁美語和其他1276人

徐薇 I can teach you better.
讚·回覆·👍238·3小時

高國華 I can teach you much better. ❤
讚·回覆·👍305·2小時

勒沙特列 我的孩子只學法語！(怒
讚·回覆·👍17·21分鐘

留言......

## 🧑 關於人生

　　每個可以在太陽下草皮上奔跑的午後都被各式各樣的補習班和才藝班填滿了，學校厚厚一疊的課本、繪畫練習本和擺在書房的鋼琴，淹沒了孩子的笑聲，成了讓他們喘不過氣的壓力。孩子從來不知道為什麼有這麼多課要上，於是漸漸就對學習失去熱情了。

## 🏫 一奈米教室

　　當一反應式達到化學平衡時，其反應物及生成物同時存在，且在非開放系統下，它們的濃度都不會隨著時間的增加而改變，而且正反應速率等於逆反應速率。

　　而勒沙特列原理指的是：當處於化學平衡的反應受到溫度、壓力、濃度等外加因素的影響，整個反應會趨向於朝抵抗這個外加因素的方向移動。

　　舉例來說，在已達化學平衡的一氧化碳加氧氣生成甲醇的反應中，若增加一氧化碳的濃度，則整個化學平衡會朝抵抗這個因素的方向移動，即整個平衡會希望消耗一氧化碳的濃度，因此反應會趨向生成物的方向移動。

f　搜尋人、地點和事物　🔍　　✦ 一奈米的宇宙

## 亨利·路易·勒沙特列
Henri Louis Le Châtelier

✓朋友▾　✓追蹤中▾　◎發訊息　…

動態時報　　關於　　朋友　　相片　　更多

### ⊙ 簡介

🕐 參加 巴黎保衛戰
🚄 擔任 法蘭西公學院 無機化學教授
🕐 創立《冶金評論》刊物
▪ 擔任 法國礦業部長

### ⦿ 朋友

路易·勒沙特列

德維爾

杜馬

中文(台灣)·English(US)·Espanol·
Portugues (Brasil)·Francais (France)　　+

隱私政策·使用條款·廣告·Ad Choices·Cookie
·更多▾
Facebook © 2017

---

勒沙特列 ☺ 覺得堵爛。
109年前·

努力研究氨的合成這麼久，竟然一下子被超越＝＝

👍讚　💬留言　➤分享

😊 你、哈伯和其他117人

哈伯 ㄏㄏ
讚 回覆 💬41　109年前

💬 留言

---

勒沙特列 😊 覺得好神。
109年前·

乙炔和氧氣燃燒，
把我的煎蛋鍋都燒破了！

---

# 亨利・路易・勒沙特列　(Henri Louis Le Châtelier)

1850.10.8 - 1936.9.17　　出生於法國

　　勒沙特列除了是化學家，同時也是建築工程師。他的父親與祖父都是工程師，影響了勒沙特列從小的興趣，也決定了他未來學習與研究的方向。

　　1877 年，巴黎高等礦業學校聘請勒沙特列擔任化學教授，他正研究如何改良混凝土和砂漿。為了精準量測混凝土的水合溫度，預防礦山爆炸，勒沙特列對熱電偶進行了改良，在觀察混凝土受水侵蝕的過程中，他歸納出了「勒沙特列原理」。

　　勒沙特列還利用熱體表面輻射與其表面溫度的關係，發明了可以量測高溫的光學高溫度計，使用這款溫度計可以量測到高達 3,000℃ 以上的高溫。1895 年，勒沙特列進一步發現了乙炔焰，這種火焰超過當時任何已知火焰的溫度，至今都還應用在金屬的切割與焊接。

　　1901 年，勒沙特列差一點點成為第一位合成氨的科學家。故事是這樣：當時勒沙特列試圖在 600℃、200atm、金屬鐵存在的條件下混合氮氣和氫氣以製取氨，但卻意外發生爆炸而中止實驗，後來才發現是因為設備中有其他多餘的空氣所導致。然而不出五年，哈伯 (Fritz Haber) 就利用了幾乎一模一樣的方法成功合成了氨，他甚至感謝勒沙特列的失敗加速了自己的研究。勒沙特列則在晚年時懊悔表示：「我讓合

成氨的發現從我手邊溜走了，這是我科學研究生涯中最大的疏忽。」

　　晚年的勒沙特列仍然持續科學研究，同時安享天倫之樂。1936 年，就在幸福地度過與妻子的六十週年結婚紀念後不久，勒沙特列便撒手人寰。他在死前曾留下了一篇文章期許後人：「我希望，我們不要過於欺騙我們自己，如果人類值得繼續慶幸在十九世紀發展了實驗科學和大規模的工業生產，到二十世紀，應當為理解社會問題和公正的愛而更加努力。」

# #036 同分異構物

動態時報　牢騷發文

 搜尋人、地點和事物　🔍　 一奈米的宇宙　

**維勒**
187年前·🌐

微笑是同分異構物，
小時候的微笑是一個心情，
長大後的微笑是一個表情。

😮 嗚　💬 留言　➤ 分享

👍😢 你、反丁烯二酸、順丁烯二酸和其他965人

 反丁烯二酸 順丁烯二酸 兩手舉那麼高幹嘛 不痠ㄇ？
讚·回覆·👍18·1小時

　　 順丁烯二酸 你以為我想喔＝＝
　　讚·回覆·👍21·1小時

　　 回覆......

永斯·貝吉里斯 教授的微笑也可以有很多意思^_^
讚·回覆·👍515·187年前

 留言......

### 關於人生

　　小時候對喜歡或是討厭的事情總是可以毫無顧忌地說出來：我喜歡和同學一起玩，或是我討厭青菜。在長大過程中，我們因為各式各樣的社會潛規則受傷，所以開始戴上虛偽的面具，開始為了身旁的人笑而笑，為了多數人的憤怒而憤怒，到了現在，我已經分不清楚臉上的笑是真的還是裝出來的了……

### 一奈米教室

　　互為同分異構物的多種分子之間，只有原子排列方式的不同，除此之外，它們的分子式及分子量都一樣。至於化學性質方面，通常是含有相同官能基的同分異構物，它們之間的化學性質才會很相近，例如：都含羥基的 1-丙醇和 2-丙醇。若官能基不同，它們的性質就會相差很多，例如：含羥基的乙醇與含醚基的甲醚。

搜尋人、地點和事物

一奈米的宇宙

弗里德里希·維勒
Friedrich Wöhler

✔朋友 ▾　✔追蹤中 ▾　● 發訊息　…

動態時報　關於　朋友　相片　更多

ℹ️ 簡介

- 在德國擔任 化學家
- 在瑞典擔任 叛逆的學生

👥 朋友

中文(台灣) · English(US) · Español ·
Portuguese (Brasil) · Français (France)

＋

隱私政策 · 使用條款 · 廣告 · Ad Choices · Cookie
· 更多 ▾
Facebook © 2017

 維勒 😡 覺得要罩不了業了GG。
187年前 · 🌐

一個不小心打了老師的臉

👍 讚　💬 留言　➤ 分享

❤️ 你、永斯·貝吉里斯、威廉·屈內和其他376人

永斯·貝吉里斯 等等到我辦公室一趟
讚　回覆 ❤️ 438　187年前

 留言……

維勒 😢 覺得慘。
187年前 · 🌐

教授的微笑是很不爽的意思QQ

# 弗里德里希·維勒 (Friedrich Wöhler)

1800.7.31 – 1882.9.23　出生於德國

　　維勒最有名的事蹟就是他推翻了老師——瑞典化學之父貝吉里斯所提倡的活力論。他成功在實驗室中利用非有機的材料合成出了尿素，進而否決了有機化合物內含「生命力」的假設。維勒從 1824 年便開始研究氰酸氨，但他認為在氰酸中加入氨水後蒸乾的白色晶體並非銨鹽，經反覆實驗後，在 1828 年終於證實了白色結晶其實就是尿素，成了活力論的重大反證。維勒因為偶然發現了無機合成有機物的方法，意外闢出了後世有機化學領域。

　　勒將這個重大的成果整理成論文《論尿素的人工製成》，並刊登在該年度的《物理學和化學年鑑》上。此論文非常詳細描述尿素的製備過程，據此可在其他各處實驗室重現實驗，於是人類開始理解有機物是能夠在實驗室中被人工製備的，從此掀起一波有機化學合成的狂潮，各式各樣五花八門的有機化合物陸續被各個不同科學家用不同的方式合成出來，維勒確實開啟了有機化學合成的精彩一頁！

　　但是尿素的發現其實還有科學上的另外一層含義——它是同分異構物的最早例證。氰酸氨與尿素的分子式其實相同，氰酸也與李比希 (Justus Freiherr von Liebig) 在 1824 年發現的雷酸分子式相同。維勒的老師貝吉里斯在 1830 年因此提出了「同分異構」學說，意謂即使有相同的化學成分，也可

能存在兩種以上的不同化合物，且其性質也會有所不同。在這概念被提出來之前，化學界普遍認為同一種成分不可能同時存在兩種不同化合物之中。

乙醇　　　　　　甲醚

甲醚、乙醇為同分異構物。

# #037 自然發生說

動態時報　牢騷發文

f　搜尋人、地點和事物　🔍　　　☀ 一奈米的宇宙　👥　💬12　🌐27

**路易·巴斯德**
155年前·🌍

細菌自然發生說與謠言相反，
細菌不會無中生有，
但謠言會。

😢 嗚　💬 留言　➤ 分享

👍😢 你、瑪莉·巴斯德、羅伯特·科赫和其他98人

 **瑪莉·巴斯德** 老公你那瓶放很久的肉汁，在不倒掉試試看！
讚·回覆·👍 48·155年前

　　　**巴斯德** 誰都別碰我的鵝頸瓶！
　　　讚·回覆·👍 74·155年前

　　　☀  回覆......

 **羅伯特·科赫** 巴斯德家常吵架的謠言果然是真的......
讚·回覆·👍 365·155年前

☀　留言......

## 🧑 關於人生

班上總會有一兩個被大家刻意忽視的同學，我好意邀請落單的同學加入我的實驗，大家的表情立刻出現微妙的變化，交頭接耳在討論八卦似的，過了幾天竟傳出了我和那位同學其實是情侶的謠言。我想每個人都只是在假裝和其他人一樣，好讓自己看起來很適合這個群體，一旦你有一點點不一樣，過不了幾天你就會成為謠言的主角。

## 🈶 一奈米教室

自然發生說是一套關於物種起源的思想，認為現今的生物體是在無機物中自然產生，在這個邏輯下，生物（如：跳蚤）可能來自無生命物質（如：灰塵），或者蛆可能由死肉產生。為了反駁此一說法，巴斯德將肉湯裝入有著彎曲細管的鵝頸瓶中，彎管是開口的，空氣可毫無阻礙進入瓶中（有些支持自然發生說的學者認為空氣是無機物自然產生有機生物體的必要條件），空氣中的微生物則會受阻而沉積於彎管底部，不能進入瓶中。巴斯德將瓶中肉湯煮沸，使肉湯中的微生物全被殺死，然後放冷靜置，結果瓶中卻沒有發現微生物。但此時如將曲頸管打斷，使外界空氣不經「沉澱處理」而直接進入肉湯中，不久肉湯就會出現微生物了。可見微生物不是從肉湯中產生的，而是原就已存在空氣中。

f 搜尋人、地點和事物 🔍 　　＊ 一奈米的宇宙 　👥 💬12 🌐27

### 路易·巴斯德
#### Louis Pasteur

✓朋友▼　✓追蹤中▼　✿發訊息　…

動態時報　關於　朋友　相片　更多

ℹ️ **簡介**

🕐 創造 狂犬病 和 炭疽 的疫苗

🏠 開創 細菌學

🏠 推翻 自然發生說

👥 **朋友**

羅伯特·科赫　費迪南德·科恩　Joseph Meister

📷 **相片**·查無內容

中文(台灣)　English(US)　Espanol
Portugues (Brasil)　Francais (France)　　＋

隱私政策·使用條款·廣告·Ad Choices·Cookie
·更多▼
Facebook © 2017

巴斯德 ✎ 正在慶祝實驗成功。
155年前 🌐

好，這下子孩子房間亂就不能怪給自然發生說了！

👍 讚　💬 留言　↪ 分享

😊 你·科赫和其他331人

💬 留言……

巴斯德 😣 覺得心煩。
155年前 🌐

老婆整天想倒掉我的鵝頸瓶實驗……

# 路易・巴斯德 (Louis Pasteur)

1822.12.27 - 1895.9.28 　　出生於法國

　　巴斯德是微生物學家,也是第一個發明狂犬病疫苗與炭疽疫苗的科學家,還成功推翻自然發生說,並且開啟菌原論,發明數種預防接種。

　　巴斯德的父親是軍人,後來退休成為鞋匠。巴斯德從小家中並不富裕,然而在學習階段,巴斯德開始對於科學的研究深感興趣,經過一番努力之後,終於在 1848 年擔任第戎大學的物理系教授。

　　巴斯德育有五名子女,然而其中三名在年幼時就不幸死於傷寒,這也成為巴斯德積極研究治癒各種傳染病的動機。

　　曾有酒商向巴斯德請教如何維持葡萄酒的口感,以及預防酒變酸變質的方法。巴斯德經過研究後發現,酒變酸跟發酵的反應類似,只不過是因為不同的微生物所引起。透過大量的實驗,不斷改變環境、溫度、基質等等條件,觀察不同微生物的反應,巴斯德提倡了「巴斯德消毒法」,並應用在各種食品與飲料上。

　　讓巴斯德真正載入史冊則是因為他在 1862 年時以鵝頸瓶進行一連串實驗,證明只要將肉湯煮沸,並不會「自然」增生細菌,因而推翻了生物隨時可由非生物發生的自然發生說。(也就是一切生物源自於生物,即所謂的「生源論」。)

　　接著巴斯德將研究範圍拓展到家禽家畜與人類疾病交互

的作用，多次利用自己發明的疫苗來驗證其功效，在拓展預防接種的技術時，他又發現傳染病細菌可以在特殊培養下減輕毒力，並激發人體生出抵抗力。1881 年，他開始研究狂犬病，四年以後成功製成狂犬病疫苗。

　　巴斯德開創了細菌學，對微生物的研究貢獻甚巨，常被稱為「微生物學之父」，並被世人稱頌為「進入科學王國的最完美無缺的人」。

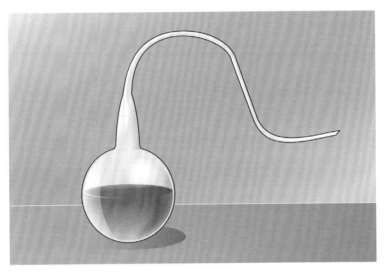

巴斯德的生源論實驗所使用的器材示意圖。／維基百科

# #038 布朗運動

動態時報　牢騷發文

 搜尋人、地點和事物 🔍　 一奈米的宇宙　

 **布朗**
195年前·🌐

我的人生就像微粒的布朗運動，
我不曉得自己未來會在什麼地方，
只能在現實裡隨波逐流。

👍 讚　💬 留言　➤ 分享

👍 你、愛因斯坦和其他3312人

媽寶　問媽媽就好了
讚·回覆·👍438·2小時

Larry Page✔ 問google map吧
讚·回覆·👍3.5萬·3年前

愛因斯坦✔ 問我也行！
讚·回覆·👍5.2萬·45分鐘

 留言......

## 關於人生

　　好不容易過完渾噩的今天，終於在深夜時分睡去，隔天照常睜開眼睛刷牙洗臉，看見陽光灑滿整間臥室，可我一點都感覺不到喜悅，在日復一日幾近相同的日子裡，我內心深處一直企盼著能改變什麼，可在與現實的互相磨耗之下，我什麼也沒做，只是不斷被動地質問自己每天醒來到底為的是什麼……

## 一奈米教室

　　英國植物學家羅伯特‧布朗利用顯微鏡觀察懸浮於水中的花粉粒時，發現這些花粉會出現連續快速而不規則的隨機移動，而這些不規則的隨機運動是因為粒子與液體或氣體分子連續互相碰撞的結果，若原子越大，不規則的碰撞就越明顯，這種移動的狀態後來就被稱為「布朗運動」。然而布朗並非第一個發現布朗運動的人，十七世紀開始就有許多科學家觀察到此一現象。

　　布朗運動具有下列五種特性：粒子的運動由平移及轉移所構成，而且幾乎沒有切線的軌跡；粒子與粒子之間的移動互不相關；當粒子越小、黏性越低或溫度越高時，布朗運動就越活躍；粒子的組成成分和密度對其運動模式沒有影響；粒子的運動永不停止。

搜尋人、地點和事物　🔍　　　一奈米的宇宙

羅伯特·布朗
Robert Brown

✓朋友▾　✓追蹤中▾　💬發訊息　…

動態時報　關於　朋友　相片　更多

### 🌐 簡介

- 🕐 在 愛丁堡大學 學習醫學
- 🎖 獲得 科普利獎章
- 🏛 在 大英博物館植物學部 擔任部長

### 👥 朋友

約翰·沃克　　威廉·韋辛寧　　詹姆斯·迪克森

費島斯坦·達溫　約瑟夫·班克斯

---

 布朗
194年前 · 🌐

人生就像花粉在水中的布朗運動，
你無法預測它從哪來、往哪去。

👍 讚　💬 留言　➦ 分享

👥 你、約翰·沃克、愛因斯坦和其他9143人

愛因斯坦 ✔ hmmm, 其實我在1905年的時候算出來了……
　讚　回覆　43萬 · 110年前

留言……

 布朗 在 📍澳大利亞。
195年前 · 🌐

三千多種標本 gotcha!

# 羅伯特・布朗

(Robert Brown)

1773.12.21 - 1858.6.10 ) ( 出生於英國

　　布朗出生於蘇格蘭，長大後在愛丁堡大學學習醫學，畢業後成為軍醫。1800 年，布朗意外受邀加入了「考察者號」前往澳洲測繪海岸線。隔年抵達了澳洲以後，他花了將近四年的時間，在澳洲考察土生土長的植物，並且搜集了超過 3,400 種的植物，其中有超過 2,000 種是以前未曾被發現的品種。可惜在返航英國的旅途中，卻遭遇船難而流失了多數的標本。

　　但布朗沒有因此意志消沉，他隨後又花了約五年的時間搜集植物標本，正式鑑定了約 1,200 種新的植物品種，並在 1810 年發表他對於澳洲植物的研究著作——《新荷蘭的未知植物》。之後他接手掌管約瑟夫博物庫，這個博物庫在 1827 年擴大成為大英博物館，布朗也被任命為博物館的植物標本庫負責人。

　　就在大英博物館改名同一年，布朗研究花粉與孢子在水中懸浮狀態的微觀行為時，發現花粉有不規則的運動，而這樣的運動行為也同樣出現在其他細微顆粒（如：灰塵）。儘管布朗沒有將這樣的現象解釋成為理論，後來的科學家還是將這種微粒運動稱之為「布朗運動」。

# #039 疫苗

動態時報　牢騷發文

搜尋人、地點和事物　🔍　一奈米的宇宙　

**愛德華·詹納**
197年前 · 🌐

學生時期的風風雨雨不過是進社會之前的疫苗，
但儘管如此，我還是對人心的虛偽與現實感冒。

👍讚　💬留言　➤分享

👍 你、B細胞、T細胞和其他125人

 B細胞 對不起我廢物 QQ
讚 · 回覆 · 👍43 · 197年前

 T細胞 草莓逆？不要整天想依靠我們
讚 · 回覆 · 👍105 · 197年前

 牛痘苗 來一支？
讚 · 回覆 · 👍355 · 36分鐘

 留言......

## 👤 關於人生

你肯定遇過無數這種狀況：說好分工合作上臺報告的組員突然人間蒸發，只剩你熬夜趕報告，最後還跟他拿到同樣的分數；或是籌辦營隊時總會有人只出一張嘴，呼來喚去做事的都不是他。但其實我們心裡都很清楚，離開校園之後並不會遠離這些是非，情形反而會更加嚴重，面對人性是一輩子學也學不完的課題。

## 📖 一奈米教室

疫苗是利用細菌、病毒或腫瘤細胞而製成，接種疫苗可使生物體的免疫系統啟動「主動免疫」，並透過刺激細胞免疫、體液免疫的方式誘使人體產生免疫力。

人體內負責發生免疫反應的細胞為 T 細胞和 B 細胞，接種完疫苗之後，若只有 B 細胞受到刺激，就稱為「非 T 淋巴球依賴型疫苗」，B 細胞會製造出可以對抗該病原體的抗體；若疫苗同時誘發 T 細胞與 B 細胞，則稱為「T 淋巴球依賴型疫苗」，這類疫苗通常都接合一部分蛋白質，可在人類小時候就誘發很好的免疫反應，並產生免疫記憶，未來若遇到相似的病原體時，就能比未記憶更快製造出抗體。

f　搜尋人、地點和事物　🔍　　一奈米的宇宙　👥　💬5　🌐17

愛德華·詹納
Edward Jenner

✓朋友▾　✓追蹤中▾　💬發訊息　…

**動態時報　關於　朋友　相片　更多**

🔵 **簡介**
- 擔任皇家學會一員
- 被任命為喬治四世國王的醫生
- 畢業於聖·安德魯大學

👤 **朋友**

威廉·奧斯勒　　詹姆斯·皮普斯　　弗朗索瓦·瑪麗阿魯埃·伏爾泰

中文(台灣)　English(US)　Espanol
Portugues (Brasil)　Francais (France)　+

---

 愛德華·詹納 😰 覺得一身冷汗。
197年前 🌐

幸好那個被我抓來實驗的男孩沒有被天花感染，
不然就GG了。

👍 讚　💬 留言　↗ 分享

😊 你、威廉·奧斯勒、詹姆斯·皮普斯和其他206人

男孩 后里蟹
讚　回覆　👍498　197年前

　留言...

 愛德華·詹納
197年前 🌐

愛你 😍

---

# 愛德華．詹納

(Edward Jenner)

1749.5.17 - 1823.1.26　　出生於英國

　　詹納 12 歲時就已經是內科醫生的學徒，學成後在醫院裡一邊工作，一邊學習解剖技術。23 歲時，他獲得聖安德魯大學的醫學學位，45 歲的時候已經是該鄉郡內受人敬重與景仰的內外科醫生。

　　在詹納生活的年代，天花仍然是無藥可醫的惡疾，因此詹納很想要研究到底如何可以打倒天花。此時有則民俗傳說給了他靈感：「一個人只要曾經染上牛痘，就不會再染上天花。」他觀察以後發現，那些從事擠牛奶的女工大多數都曾經感染過牛痘，而那些女工染上天花的比例確實比常人還低，於是詹納根據這項觀察展開他的實驗：現在聽起來可能有些不可思議，但當時詹納替一名 8 歲的小男孩接種牛痘病毒，待男孩康復之後，詹納竟然直接幫男孩再接種天花，這其實非常冒險，如果詹納的推論錯誤的話，那名年僅 8 歲的男孩很可能就此死去。幸好詹納的想法是對的，牛痘確實可以使人類對天花免疫，今日的預防接種法即據此而來。

　　由於牛痘疫苗效果顯著，且能終身防止感染天花，隨著這樣預防接種的方法逐漸普及於世界，1980 年以後天花就此從世界上絕跡，詹納因為這項傑出的貢獻，被人尊稱為「免疫學之父」。

# #040 小孔成像

動態時報　牢騷發文

搜尋人、地點和事物　一奈米的宇宙

**墨子**

西元前380年·

「聽說」就像以小孔窺視世界，
所得到的東西可能往往與現實相反。

哇　留言　分享

你、公輸般、孟勝和其他26萬人

魯班　聽說你沙盤演練大輸給我
讚 · 回覆 · 4151 · 西元前380年

墨子　你看看史書怎麼寫的囉呵呵
讚 · 回覆 · 7.8萬 · 西元前380年

回覆……

孟勝　強者我老師
讚 · 回覆 · 19 · 西元前380年

劉德華　你知道墨攻有多難演嗎==?
讚 · 回覆 · 1.9萬 · 3個月前

留言……

## 🧑 關於人生

「聽說房子著火了」、「聽說發生火災了」、「聽說整棟屋子燒起來了」，過不了多久人心惶惶，所有人開始抱頭竄逃，沒人知道這些話從哪裡傳過來，更沒有人願意去證實這是不是真的，我們常常都只是聽別人說，然後無意識地誇大這些聽說，讓它肆無忌憚往四方散播出去，等到逃出來後回頭一看，才發現根本沒有房子失火。

## 📖 一奈米教室

大約兩千四、五百年以前，由戰國時期的大思想家墨子和他的學生，做出了世界上第一個小孔成倒像的實驗，解釋了小孔成倒像的原因，指出了光的直線進行性質。這是對光直線傳播的第一次科學解釋。

用一塊帶有小孔的板遮擋在牆體與物之間，牆體上就會形成物的倒影，我們把這樣的現象叫小孔成像。前後移動中間的遮板，牆體上像的大小也會隨之發生變化，說明了光沿直線傳播的性質。

f　搜尋人、地點和事物　🔍　　　一奈米的宇宙　👥 💬 🌐

**墨子** ✓
墨翟

✓ 朋友 ▾　✓ 追蹤中 ▾　💬 發訊息　⋯

動態時報　關於　朋友　相片　更多

🌐 **簡介**

🕐 出生於 戰國時期
💼 擔任 思想家

👥 **朋友**

孟勝

田襄子

中文(台灣)．English(US)．Español
Portugues (Brasil)．Francais (France) ＋

隱私政策．使用條款．廣告．Ad Choices．Cookie
．更多▾
Facebook © 2017

　墨子 😎 覺得節儉環保愛地球。
西元前380年．🌐

「量腹而食，度身而衣」

- 戰國思想學家 墨子

👍 讚　💬 留言　↗ 分享
😊 你、孟勝、田襄子和其他8.6萬人

　留言…

🖼 墨子 😎 覺得儒家很麻煩==。
西元前380年．🌐

節用、節葬、非樂

👍 讚　💬 留言　↗ 分享

# 墨子

468B.C. - 376B.C.　　出生於中國（戰國時期）

　　墨子是戰國時代著名的思想家、哲學家、政治家、軍事家、科學家，主張兼愛、非攻、節用、節葬等等思想，是戰國九流十家的其中之一。墨子創立墨家，並有《墨子》一書傳世。

　　墨子曾學習儒家思想，但卻覺得「禮」太繁瑣，於是另闢蹊徑，聚徒講學，蔚成一股風潮，成為儒家思想的主要反對者。墨子特別重視國家社稷之利，也就是老百姓之福址，認為這是衡量一切施政與評判價值的標準，合乎社稷所需的才有價值，能使人民富庶的才有用，反之就是無益或者有害。從現今來看，這樣的主張偏向功利主義，沒有直接用處或有害的事物皆直接廢除。

　　墨子提倡節儉，希望人能保有絕對的理智，不要做無用無益的行為，推崇刻苦樸素的生活。墨子甚至反對音樂，認為人的感情應該加以壓抑，批評禮樂制度皆屬浪費而不切實用。

　　當時楚王曾計畫攻宋，墨子前往遊說楚王止戰，透過與魯班的模擬攻防中取得勝利，成功說服楚王退兵。

　　在科學研究方面，墨子對於力學、幾何學、代數、光學都有卓越貢獻，在《墨子》一書當中就已經提到了力與力矩的概念，也提到了幾何學中的點線面體。墨子與他的學生們

做了相當多的光學實驗，是世界上最早的小孔成像現象的觀測者，發現了光直線傳播的特性。為了紀念墨子對於中國古代科學的偉大貢獻，中國還將全球首次用於量子科學實驗的衛星命名為「墨子號」。

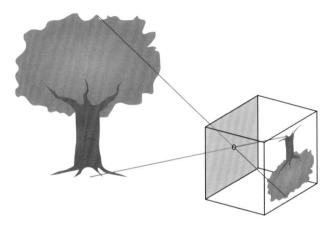

小孔成像的原理示意圖。／維基百科

# 幕後花絮

## 「人生科學」 徵求書名活動

入選書名

01. 如果冰箱會說話
if refrigerator could talk

02. 塗鴉牆上的ㄎㄎㄎ科學
ker ker ker science on the graffiti wall

03. 科學打卡送人生
science check in get life

04. 科學動物園
science zoo

05. 你媽絕對不會的科學
Science that your mother don`t know

06. 科學的火山矽肺病
sci-Pneumonoultramicroscopicsilicovolcanoconiosis

07. 辛棄疾傳
Xin Qiji autobiography

08. 讓科學飛
let science fly

09. 病態科學
Freak science

鄭小姐　把5看成你他媽絕對不會的科學XD

讚 · 回覆 · 31週　👍 5

白先生　《如何妥當浪費才華》

讚 · 回覆 · 31週　👍 3

一奈米的宇宙　Btw，選項7是個深思熟慮的方案，如果我們的粉絲都不買這本書，至少辛棄疾的粉絲會買

讚 · 回覆 · 31週　👍 21

Mr. Chung　《科文哲》

讚 · 回覆 · 31週　👍 18

張小姐　《你知道科學家也愛發廢文嗎？》

讚 · 回覆 · 31週　👍 5

Mr. Chung　《你科學，你全家才科學》

讚 · 回覆 · 31週　👍 3

白先生　選7，期待文組買錯書 (住手

讚 · 回覆 · 31週　👍 16

Ms. Hsieh　《超科學日常》

讚 · 回覆 · 31週　👍 9

Ms. Lin　《連阿罵都愛的科學》

讚 · 回覆 · 31週　👍 6

書系──知無涯06

# 那些曠世天才的呢喃

作　　者　一奈米的宇宙Chemystery
校　　對　李學誠、許大禎、葉祖吟、邱勉中、羅可軒
特約編輯　小敏
封面設計　兒日
視覺設計　邱勉中
版面編排　黃秋玲
總　編　輯　顏少鵬
發　行　人　顧瑞雲
出　版　者　方寸文創事業有限公司
　　　　　地　　址　臺北市106大安區忠孝東路四段221號10樓
　　　　　電　　話　(04)2310-1800
　　　　　傳　　真　(02)8771-0677
　　　　　客服信箱　ifangcun@gmail.com
　　　　　官方網站　方寸之間│http://ifangcun.blogspot.tw/
　　　　　FB粉絲團　方寸之間│http://www.facebook.com/ifangcun
法律顧問　郭亮鈞律師
印務協力　蔡慧華
印　刷　廠　華展彩色印刷股份有限公司
總　經　銷　時報文化出版企業股份有限公司
　　　　　地　　址　桃園市333龜山區萬壽路二段351號
　　　　　電　　話　(02)2306-6842
ISBN 9789869536721
初版一刷　二〇一八年二月
定　　價　新臺幣三五〇元

我們一直秉持著初衷，
希望能夠用有趣的方式來分享往常可能認為無趣的科學。

方寸文創
Printed in Taiwan

國家圖書館出版品預行編目(CIP)資料
那些曠世天才的呢喃│一奈米的宇宙作│初版│
臺北市：方寸文創，2018.02│232面│13x19公分
（知無涯：6）│ISBN　978-986-95367-2-1（平
裝）│1.科學家／2.傳記│309.9│106024269